"十三五"普通高等教育本科规划教材

数字电子技术实训教程

主 编 何东钢 王美妮

副主编 曹立杰 孟 娟 王 魏

参 编 李 响 蔡克卫 宋维波

中国电力出版社
CHINA ELECTRIC POWER PRESS

内 容 提 要

本书为"十三五"普通高等教育本科规划教材。全书共4章，第1章主要概述数字电子技术实验的基本知识；第2章涵盖了数字电子技术课程所需的基础实验；第3章是有关数字电路综合应用的课程设计；第4章是应用仿真软件实现数字电路的仿真。附录为本书实验考核表和芯片管脚介绍。

本书可作为高等学校电气类、电子信息类、自动化类和其他相近专业的数字电子技术基础实验和课程设计教材，也可作为本科生参加各类电子制作比赛的参考资料，还可供高职高专院校师生和工程技术人员使用。

图书在版编目（CIP）数据

数字电子技术实训教程/何东钢，王美妮主编. —北京：中国电力出版社，2018.3（2019.4 重印）
"十三五"普通高等教育本科规划教材
ISBN 978-7-5198-1442-7

Ⅰ. ①数…　Ⅱ. ①何…　②王…　Ⅲ. ①数字电路－电子技术－高等学校－教材　Ⅳ. ①TN79

中国版本图书馆 CIP 数据核字（2017）第 293417 号

出版发行：中国电力出版社
地　　址：北京市东城区北京站西街 19 号（邮政编码 100005）
网　　址：http://www.cepp.sgcc.com.cn
责任编辑：周巧玲（010-63412539）
责任校对：马　宁
装帧设计：张　娟
责任印制：钱兴根

印　　刷：北京雁林吉兆印刷有限公司
版　　次：2018 年 3 月第一版
印　　次：2019 年 4 月北京第二次印刷
开　　本：787 毫米×1092 毫米　16 开本
印　　张：11.5
字　　数：277 千字
定　　价：28.00 元

前　言

　　数字电子技术实训是高等工科院校电气类、电子信息类、自动化类的重要技术基础课，具有很强的实用性和参考性。随着集成电路制造技术的迅速发展，中、大规模数字集成电路在各个领域获得了广泛应用，已成为信息技术革命的强大助力，这对高校相关专业的人才培养提出了更高的要求。为了适应时代发展对人才的要求，结合多年教学经验和教学改革实践，根据数字电子技术教学大纲的要求，组织老师编写此教材。

　　本书在编排上突出应用实例、注重理论联系实际，满足高校的教学和实践应用需求。全书共分为4章，第1章是概述，主要概述数字电子技术实验的基本知识；第2章介绍了15个实验项目的详细内容，包括每个实验的实验目的，实验基本过程和实验方法以及实验课的基本要求；第3章介绍了数字电子技术课程设计的主要实践项目，内容包括多路智力竞赛抢答器设计、多功能数字钟电路设计、交通灯电路设计、数字秒表设计、汽车尾灯控制电路设计、电子拔河游戏机电路设计；第4章主要论述了EDA实验系统，内容包括EDA实验系统硬件电路模块、适配板及MAX+PLUS Ⅱ软件操作及实验准备。在书后的附录中列入了全书实验项目的设计报告模板和芯片管脚介绍，方便学生和教师开展实验记录和描述，对实验结论完成总结和论证，从而实现科学系统地完成实验效果和质量的客观评价。

　　本书由大连海洋大学何东钢、王美妮任主编，曹立杰、孟娟、王魏任副主编，李响、蔡克卫、宋维波参编。

　　由于作者水平有限，书中难免有不妥之处，望读者批评指正。

编　者
2017年9月

目　　录

第1章 概　　述

1.1　数字电路实验概述

数字电子技术是一门理论性和实践性都很强的专业基础课，也是一门综合性的技术基础学科。许多理论和方法只有通过实际验证才能加深理解并真正掌握，在老师的启发引导下，通过创新解决问题，获取知识，掌握物理实验思想和实验方法的实质，从而培养创新能力。学习数字电路实验这门课程，要掌握电路设计的基本知识和方法，通过实验培养在实践中研究问题、分析问题和解决问题的能力，为将来从事技术工作和科学研究奠定扎实的基础。

1.1.1　数字电路实验课程的目的

数字电路实验是为了巩固和加深对数字电路理论的理解、学习数字电子技术基本实验方法和技能而设置的课程。通过参与实际电路的应用实践过程，可将数字电路的学习从纷繁、枯燥的理论中走出来，接触形象、生动、直观的现实，从而增加对数字电路理论学习的兴趣。通过实验可以开阔思路、拓宽知识面，进而更能把握理论问题的关键所在，使学习进程能够深入发展。

数字电子技术是当前发展最快，应用最广泛的高科技学科之一，其集成电路规模越来越大、组成越来越复杂，进而对数字电子技术人员的素质要求也越来越高。从事电子技术工作和研究的人员必须同时具有较高的理论水平和较强的实验技能。在数字电路实验课的学习中，不仅仅是进行一些简单电路的连接和测试，更重要的是要通过实践来打好基础，为将来的工作和学习创造条件。对现代的数字电路的设计和分析来说，仅仅靠理论知识是不够的，还必须有一套完整的实验方法。对实验方法的学习是数字电路课程中最基本的内容。

对数字电路实验课的学习，应该有积极主动的精神，才能在有限的学时中学到更多的知识，掌握更多的技能。数字电子技术理论和应用的内容十分广泛而复杂，许多问题只有经过实践和认真的思考才会有真正的理解和认识。数字电路实验课的学习过程，也是解决问题能力的培养和训练的过程。

1.1.2　数字电路实验的基本过程

整个数字电路实验课有多项实验内容，需要多次进行才能完成。但对每一项具体的实验项目来说，大致需要经历下面几个过程：

1. 实验的准备过程

每一项具体实验内容都与相关的理论密切联系，实验的过程要接受理论的指导，实验结果不能与理论产生矛盾。因此，在进行实验操作之前，必须熟悉有关实验内容的理论和电路。只有这样，我们才能有计划有目的地进行和完成实验，并有能力解决实验过程中出现的问题。在具体的实验过程中，需要借助各种电子仪器来使实验电路正常工作，并用仪器对电路进行测试。因此，在实验前应了解有关实验仪器的基本特性、使用方法、操作要求和步骤。在实验中要用到多种与实验相关的电子元器件，每一个实验电路都是由电子元件组成的。在实验前应了解有关器件的电气工作特性、使用要求及在电路中所起的作用。在实验过程中需要对实验现象和数据进行观测和记录，因此在实验前应对有关的数据表格或现象的读取和记录方式有所准备，以便在实验过程中能够顺利地进行记录工作。在实验操作前，应该对整个实验的过程有较全面的了解，并确定基本的实验步骤。

2. 实验的操作过程

实验操作是在有实验准备的基础上对实验的实施和对实验现象及数据的记录过程。在实验的操作过程中，应按计划，按步骤地进行每一项工作，实现正确地连接实验电路，正确地使用和操作仪器，正确地记录实验现象和数据，并正确地处理实验过程中所出现的问题，寻找和排除电路故障。

3. 实验现象和数据的分析、实验结果的得出

在实验操作结束后，应对所记录的实验现象和数据进行整理和分析，并由此得出实验结果；将实验结果与理论进行比较，并对实验结果的好坏做出评述，以判断实验是成功或是失败；总结实验的经验，体会和教训；最后提交一份实验报告。

1.1.3　数字电路的基本实验方法

一般来说，数字电路实验的内容要根据所要实现和达到的目的来决定，之后是确定实验的电路，根据电路选取合适的电子元件。在连接电路后，用各种仪器提供电路工作所需的电源、信号源，并对电路功能进行局部和整体的测试，并进一步改进电路，确定电路功能是否达到了预期的要求。

在本实验课程中，实验的内容以及电路和元件都已基本确定。学生所要做的工作是连接电路，使电路工作并进行测试和分析，写出实验报告。在整个实验过程中，已基本上学习到了仪器的使用方法、电路的连接方法、元件特性及电路特性和功能的测试方法，还有电路的分析方法及对数据的处理方法等。

1.2　数字电路实验课的基本要求

1.2.1　操作规程

实验教学的目的不仅在于消化、巩固理论教学的知识，更重要的是要通过实验来提高实验者分析、解决实际问题的能力和树立诚实的科学工作作风。特别是工科专业的学生，为把所学的知识应用于实际，更应该踏踏实实，一步一个脚印地完成本环节的学习任务，为后继课程的学习和以后的工作夯实知识基础。要完成好本环节的学习内容，实验前应该如何进行准备，实验操作中要注意什么，实验后怎么去分析、总结和写出符合要求的实验报告等。下面就这些问题分实验预习、实验操作和实验报告三个方面的意义、具体做法做出说明。

1.2.2　实验预习

预习是实验前的准备阶段，是实验过程的重要环节。预习的好坏直接关系到实验能否顺利完成。预习要做的工作如下：

（1）预习与实验内容有关的理论、电路原理、熟悉实验中要用到的元器件和有关电路的连线。在数字电路实验中，使用最多的是各种集成电路，在实验前应熟悉有关集成电路的逻辑功能和引脚功能。

（2）预习与实验内容有关的仪器的使用方法。对实验仪器的调整、操作过程以及各种数据的记录都要做都心中有数。

（3）为了实验能够顺利进行、提高实验操作的效率，在实验前应写出实验报告的前半部分——预习报告，在预习报告中应包括的项目有实验目的、仪器和主要元器件、实验电路、数据记录表格。

1.2.3　实验操作

操作是实验的具体实现阶段，在操作过程中要完成对实验现象的观察和记录，有如下要求：

（1）在实验操作中要求正确连接电路、正确使用仪器、正确观察和记录实验数据。这样才能按预定的计划完成实验内容，达到最终的目的。

（2）在实验操作的过程中，可能会出现各种事先没有预料到的问题，有电路方面的问题，也有仪器方面的问题，有理论问题，也有操作方面的问题；会有关系到实验能否进行下去的问题，也有不影响实验进行的问题。对所遇到的各种问题都要冷静地处理，决不能盲目行动。在没有把握时，最好应在教师的指导下进行处理和解决。对所有遇到的问题以及对问题的处理结果都应如实地进行记录，以便在实验后进行分析和讨论。

（3）在实验中所记录的数据应为直接测量量，同时还应记录下当时仪器的状态（调整情况，各种功能开关的挡位等），这对于实验结果的分析有重要意义。

（4）实验操作结束后，应拆卸电路，清理元器件，并将仪器恢复到实验前的状态。如果发现元器件有损失和仪器不正常的现象，应及时向实验指导教师报告。

1.2.4　实验报告

实验报告是全实验过程的、系统的书面材料。在预习报告和实验记录的基础上，还有以下工作：

（1）对实验操作过程中的所有记录进行整理，并且有条理地在实验报告上一一列出。

（2）对所有记录的实验现象和数据进行处理、计算和分析。将得出的实验结果与理论进行对比。对于各次不同的实验应根据其内容的不同而做出不同的处理。

（3）对实验中所遇到的各种问题进行讨论和分析，总结和归纳实验结果，写出实验体会，其中可涉及对理论的理解，对某一电路功能的概括和总结，仪器使用方法和操作技巧以及解决某一问题受到的启示，对实验的改进意见等。对这部分的内容不做统一的要求，可根据自己的情况和感受来写。

1.3　数字电路实验基本知识

1.3.1　数字集成电路的分类

数字集成电路有许多种分类，不同的分类方法可将数字集成电路划分为不同的类型。目前，主流的分类方法有根据集成规模分类、根据半导体类型分类及根据设计方法及功能定义分类。

1. 根据集成规模分类

根据集成电路规模的大小，通常将其分为小规模集成电路（SSI）、中规模集成电路（MSI）、大规模集成电路（LSI）及超大集成电路（VLSI）。分类的依据是一块集成电路芯片内所包含的元器件数目。单片内含元器件数目小于 100 的属于 SSI；单片内含元器件数目在 100～999 范围内的属于 MSI；单片内含元器件数目在 100～99999 范围内的属于 LSI；单片内含元器件数目大于 100000 个的属于 VLSI。

　　2. 根据半导体类型分类

　　根据集成电路中半导体类型的不同，数字集成电路可以分为两类：一类是双极型集成电路；另一类是 MOS 集成电路。相对而言，双极型集成电路具有速度快、负载能力强，但功耗较大的特点，这将使其集成规模受到限制；MOS 型集成电路具有结构简单、制造方便、集成度高等特点，但其相对于双极型集成电路速度稍慢。

　　（1）双极型集成电路。双极型集成电路主要分为 TTL、ECL 电路，其中，TTL 电路是至今广泛应用的一类集成电路。这类集成电路内部输入级和输出级都是晶体管结构，其主要系列有以下几种：

　　1）74-系列。这是早期的产品，现仍在使用，但正逐渐被淘汰。74155 芯片直插及 PLCC 封装示意如图 1-3-1 和图 1-3-2 所示。

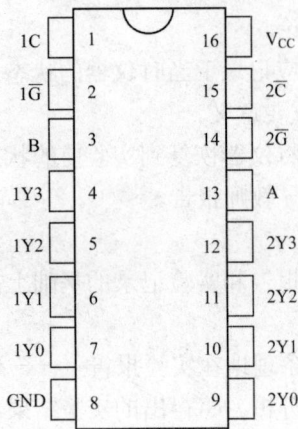

图 1-3-1　74155 直插封装示意

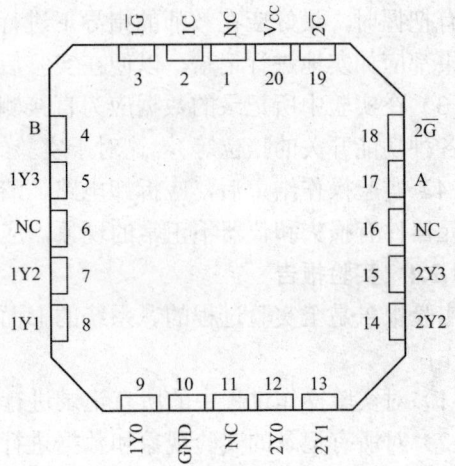

图 1-3-2　74155PLCC 封装示意

　　2）74H-系列。这是 74-系列的改进型，属于高速 TTL 产品。其"与非门"的平均传输时间达 10ns 左右，但电路的静态功耗较大。目前该系列产品使用越来越少，逐渐被淘汰。

　　3）74S-系列。这是 TTL 的高速型肖特基系列。在该系列中，采用了抗饱和肖特基二极管，速度较高，但品种较少。

　　74S05 非门缓冲器是该系列的一种器件，其管脚示意及连接图如图 1-3-3 和图 1-3-4 所示。

　　4）74LS-系列。这是当前 TTL 类型中的主要产品系列。品种和生产厂家都非常多。性价比较高，目前在中小规模电路中应用非常普遍。

　　74LS125A 三态与非门是 74LS 系列的一个器件，其管脚连接图如图 1-3-5 所示。

　　5）74ALS-系列。这是先进的低功耗肖特基系列。属于 74LS-系列的后继产品，速度（典型值为 4ns）、功耗（典型值为 1mW）等方面都有较大的改进，但价格比较高。

　　输入与非门 74ALS20 管脚示意图与连接图如图 1-3-6 和图 1-3-7 所示。

　　6）74AS-系列。这是 74AS-系列的后继产品，尤其速度（典型值为 1.5ns）有显著的提高，又称先进超高速肖特基系列。

　　74AS174 缓冲器管脚封装图如图 1-3-8 所示。

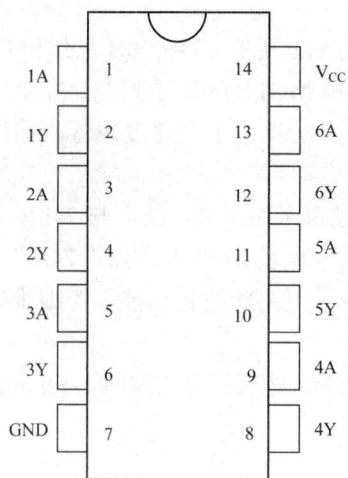

图 1-3-3 74S05 管脚示意

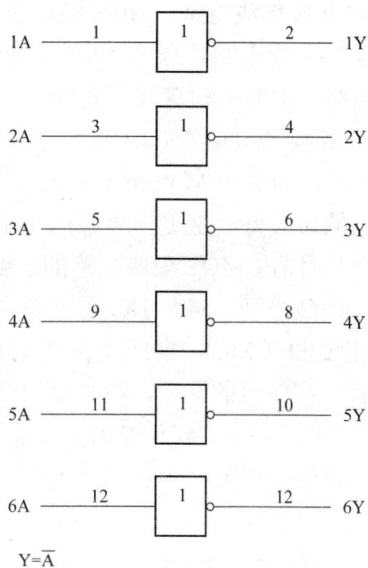

$Y=\overline{A}$

图 1-3-4 74S05 管脚连接图

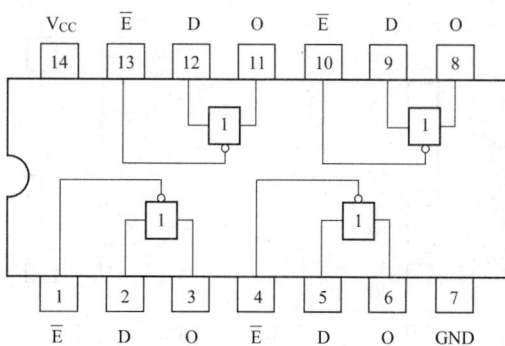

图 1-3-5 74S125A 管脚连接图

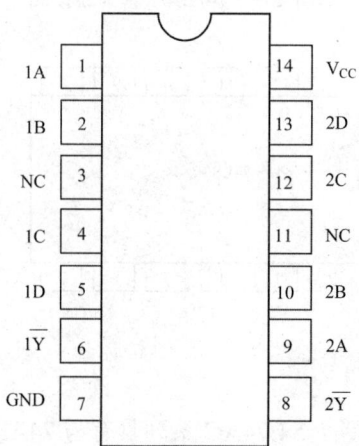

图 1-3-6 74ALS20 管脚符号图

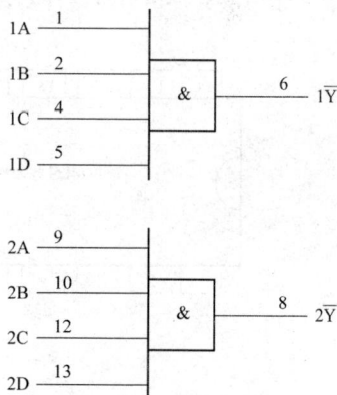

V_{CC}=Pin 14
GND=Pin 7

图 1-3-7 74ALS20 管脚连接图

（2）MOS 集成电路。MOS 型集成电路主要分为 PMOS、NMOS、CMOS 等类型，其中，CMOS 数字集成电路是利用 NMOS 管和 PMOS 管巧妙组合成的电路，属于一种微功耗的数字集成电路。主要系列有以下几种：

1）标准型 4000B/4500B 系列。该系列是以美国 RCA 公司的 CD4000B 系列和 CD4500B 系列制定的，与美国 Motorola 公司的 MC14000B 系列和 MC14500B 系列产品完全兼容。该系列产品的最大特点是工作电源电压范围宽（3～18V）、功耗最小、速度较低、品种多、价格低廉，是目前 CMOS 集成电路的主要应用产品。

2）74HC-系列。54/74HC-系列是高速 CMOS 标准逻辑电路系列，具有与 74LS-系列同等的工作速度和 CMOS 集成电路固有的低功耗及电源电压范围宽等特点。74HC×××是74LS×××同序号的翻版，型号最后几位数字相同，表示电路的逻辑功能、管脚排列完全兼容，为用 74HC 替代 74LS 提供了方便。

74HC07 缓冲器为 74HC 系列中的一种，其管脚连接图及逻辑符号图如图 1-3-9 和图 1-3-10 所示。

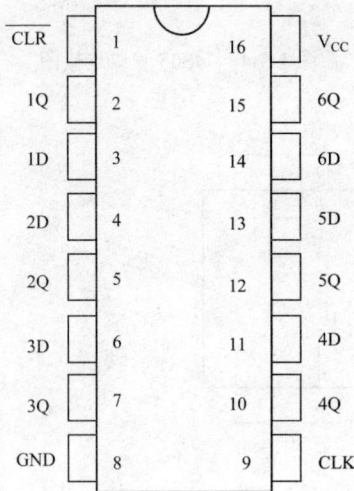

图 1-3-8　74AS174 缓冲器管脚封装图

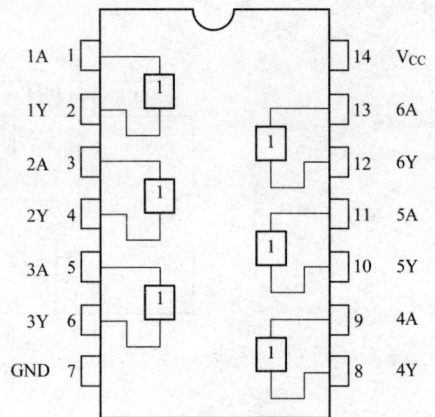

图 1-3-9　74HC07 管脚连接图

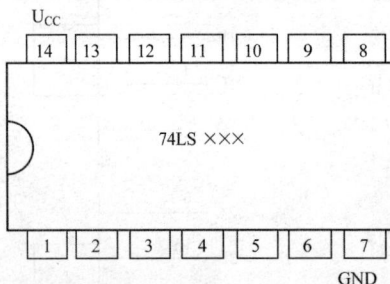

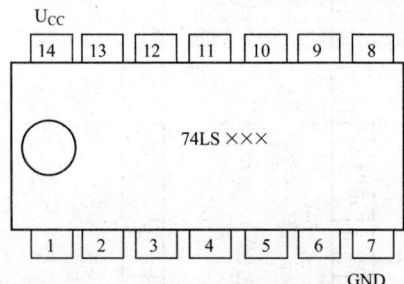

图 1-3-10　74HC07 管脚符号图

3）74AC-系列。该系列又称先进的 CMOS 集成电路，54/74AC 系列具有与 74AS 系列等同的工作速度和与 CMOS 集成电路固有的低功耗及电源电压范围宽等特点。

CMOS 集成电路的主要特点如下：

a. 具有非常低的静态功耗。在电源电压 $V_{CC}=5V$ 时，中规模集成电路的静态功耗小于 100mW。

b. 具有非常高的输入阻抗。正常工作的 CMOS 集成电路，其输入保护二极管处于反偏状态，直流输入阻抗大于 100MΩ。

c. 宽的电源电压范围。CMOS 集成电路标准 4000B/4500B 系列产品的电源电压为 3~18V。

d. 扇出能力强。在低频工作时，一个输出端可驱动 CMOS 器件 50 个以上输入端。

e. 抗干扰能力强。CMOS 集成电路的电压噪声容限可达电源电压值的 45%，且高电平和低电平的噪声容限值基本相等。

f. 逻辑摆幅大。CMOS 电路在空载时，输出高电平 $V_{OH} \geqslant V_{CC}-0.05V$，输出低电平 $V_{0L} \leqslant 0.05V$。

3. 根据设计方法及功能定义分类

根据设计方法和功能定义，数组集成电路可分为非用户定制电路、全用户定制电路和半用户定制电路。

（1）非用户定制电路：又称为标准集成电路，这类电路具有生产量大、使用广泛、价格便宜等优点，例如各种小、中、大规模通用集成电路产品。

（2）全用户定制电路：是为了满足用户特殊应用要求而专门生产的集成电路，通常又称为专用集成电路。

（3）半用户定制电路：是由厂家生产出功能不确定的集成电路，再由用户根据要求进行适当处理，令其实现置顶功能，即由用户通过对已有芯片进行功能定义将通用产品专用化。

1.3.2　数字集成电路封装

中、小规模数字 IC 中最常用的是 TTL 电路和 CMOS 电路。TTL 器件型号以 74 作前缀，称为 74 系列，如上述所列器件。中、小规模 CMOS 数字集成电路主要是 4×××/45×× 系列，高速 CMOS 电路 HC（74HC），与 TTL 兼容的高速 CMOS 电路 HCT（74HCT 系列）。TTL 电路与 CMOS 电路各有优缺点，TTL 速度高，CMOS 电路功耗小、电源范围大、抗扰能力强。由于 TTL 在世界范围内应用极广，在数字电路教学实验中，我们主要使用 TTL74 系列电路作为实验用器件，采用单一＋5V 作为供电电源。

数字 IC 器件有多种封装形式。为了教学实验方便，实验中所用的 74 系列器件封装选用双列直插式。图 1-3-11 所示为双列直插封装的正面示意。

双列直插封装有以下特点：

（1）从正面看，器件一端有一个半圆的缺口，这是正方向的标志。缺口左边的引脚号为 1，引脚号按逆时针方向增加。图 1-3-11 中的数字表示引脚号。双列直插封装 IC 引脚数有 14、16、20、24、28 等若干种。

（2）双列直插器件有两列引脚。引脚之间的间距是 2.54mm。两列引脚之间的距离有宽 15.24mm 和窄 7.62mm 两种。两列引脚之间的距离能够稍加改变，引脚间距不能改变。将器件插入实验台上的插座中去或者从插座中拔出时要小心，不要将器件引脚弄弯或折断。

（3）74 系列器件一般左下角的最后一个引脚是 GND，右上角的引脚是 V_{CC}。例如，14 引脚器件引脚 7 是 GND，引脚 14 是 V_{CC}；20 引脚器件引脚 10 是 GND，引脚 20 是 V_{CC}。但也有一些例外，例如 16 引脚的双 JK 触发器 74LS76，引脚 13 是 GND，引脚 5 是 V_{CC}。

所以使用集成电路器件时要先看清楚它的引脚图，找对 V_{CC} 和 GND，避免因接线错误造成器件损坏。

数字电路综合实验中，使用的复杂可编程逻辑器件 MACH4-64/32 是 44 引脚的 PLCC 封装。图 1-3-12 所示为封装正面图。器件上的小圆圈指示引脚 1，引脚号按逆时针方向增加，引脚 2 在引脚 1 的左边，引脚 44 在引脚 1 的右边。MACH-64/32 电源引脚号、地引脚号与 ISP1016 不同，不可差错 PLCC 插座。插 PLCC 器件时，器件的左上角要对准插座的左上角；拔出 PLCC 器件时应使用专门的起拔器。

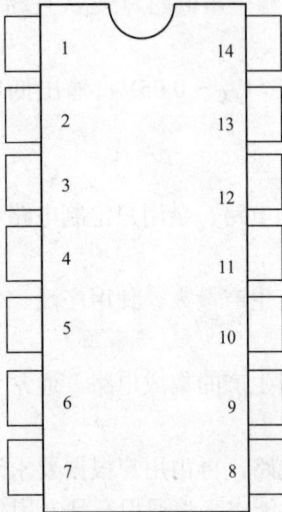

图 1-3-11　双列直插封装示意　　　　　　　　图 1-3-12　PLCC 封装图

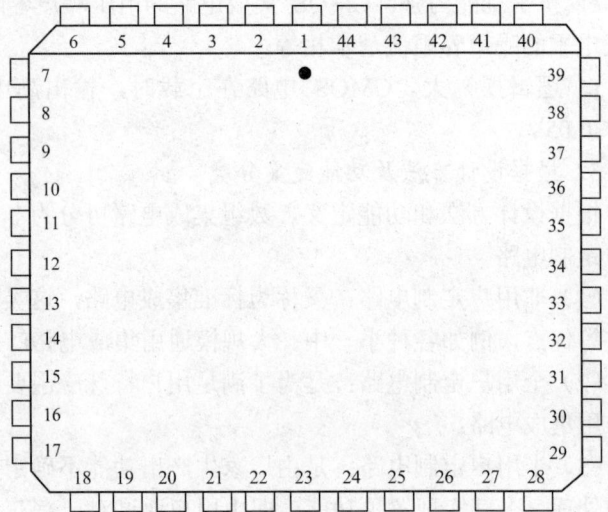

1.3.3　TTL 集成电路与 CMOS 集成电路的使用规则

1. TTL 集成电路的使用规则

（1）TTL 集成电路的电源电压不能高于 +5.5V 使用，不能将电源与地颠倒错接，否则将会因为过大电流而造成器件损坏。

（2）电路的各输入端不能直接与高于 +5.5V 和低于 −0.5V 的低内阻电源连接，因为低内阻电源能提供较大的电流，导致器件过热而烧坏。

（3）除三态和集电极开路的电路外，输出端不允许并联使用。如果将双列直插集电极开路的门电路输出端并联使用而使电路具有线与功能时，应在其输出端加一个预先计算好的上拉负载电阻到 V_{CC} 端。

（4）输出端不允许与电源或地短路，否则可能造成器件损坏，但可以通过电阻与地相连，提高输出电平。

（5）在电源接通时，不要移动或插入集成电路，因为电流的冲击可能会造成其永久性损坏。

（6）多余的输入端最好不要悬空。虽然悬空相当于高电平，并不影响与非门的逻辑功能，但悬空容易受干扰，有时会造成电路的误动作，在时序电路中表现更为明显。因此，多余输入端一般不采用悬空办法，而是根据需要处理。例如，与门、与非门的多余输入端可直接到 V_{CC} 上；也可将不同的输入端通过一个公用电阻（几千欧）连到 V_{CC} 上；或将多余的输入端和使用端并联。不用的或门和或非门等器件的所有输入端接地，也可将它们的输出端连到不使用的与门输入端上。对触发器来说，不使用的输入端不能悬空，应根据逻辑功能接入电平。输入端连线应尽量短，这样可以缩短时序电路中时钟信号沿传输线的延迟时间。一般不允许将触发器的输出直接驱动指示灯、电感负载、长线传输，需要时必须加缓冲门。

2. CMOS 集成电路的使用规则

CMOS 集成电路由于输入电阻很高，因此极易接受静电电荷。为了防止产生静电击穿，生产 CMOS 时，在输入端都要加上标准保护电路，但这并不能保证绝对安全，因此使用 CMOS 集成电路时，必须采取以下预防措施：

（1）存放 CMOS 集成电路时要屏蔽，一般放在金属容器中，也可以用金属箔将引脚短路。

（2）CMOS 集成电路可以在很宽的电源电压范围内提供正常的逻辑功能，但电源的上限电压（即使是瞬态电压）不得超过电路允许极限值，电源的下限电压（即使是瞬态电压）不得低于系统工作所必需的电源电压最低值 V_{min}，更不得低于 V_{SS}。

（3）焊接 CMOS 集成电路时，一般用 20W 内热式电烙铁，而且烙铁要有良好的接地线；也可以利用电烙铁断电后的余热快速焊接。禁止在电路通电的情况下焊接。

（4）为了防止输入端保护二极管因正向偏置而引起损坏，输入电压必须处在 V_{DD} 和 V_{SS} 之间，即 $V_{SS} < u_1 < V_{DD}$。

（5）调试 CMOS 电路时，如果信号电源和电路板用两组电源，则刚开机时应先接通电路板电源，后开信号源电源。关机时则应先关信号源电源，后断电路板电源。即在 CMOS 本身还没有接通电源的情况下，不允许有输入信号输入。

（6）多余输入端绝对不能悬空。否则不但容易受外界噪声干扰，而且输入电位不定，破坏了正常的逻辑关系，也消耗不少的功率。因此，应根据电路的逻辑功能需要，分情况加以处理。例如，与门和与非门的多余输入端应接到 V_{DD} 或高电平；或门和或非门的多余输入端应接到 V_{SS} 或低电平；如果电路的工作速度不高，不需要特别考虑功耗时，也可以将多余的输入端和使用端并联。

以上所说的多余输入端，包括没有被使用但已接通电源的 CMOS 电路所有输入端。例如，一片集成电路上有 4 个与门，电路中只用其中一个，其他三个门的所有输入端必须按多余输入端处理。

（7）输入端连接长线时，由于分布电容和分布电感的影响，容易构成 LC 振荡，可能使输入保护二极管损坏，因此必须在输入端串接一个 10～20kΩ 的保护电阻 R。

（8）CMOS 电路装在印刷电路板上时，印刷电路板上总有输入端，当电路从机器中拔出时，输入端必然出现悬空，所以应在各输入端上接入限流保护电阻。如果要在印刷电路板上安装 CMOS 集成电路，则必须在与它有关的其他元件安装之后再装 CMOS 电路，避免 CMOS 器件输入端悬空。

1.3.4　实验电路的故障检查和排除

一个数字系统通常由多个功能模块组成，每个功能模块都有确定的逻辑功能。查询数字系统的故障实际上就是找出故障所在的功能块，然后再查出故障，并加以排除。为了能迅速有条理地查出故障，通常根据整机逻辑图对故障现象分析和判断，找出可能出现故障的功能块，而后再根据安装接线图对有关功能块进行检测，以确定有故障的功能块和定位故障点，并加以排除。整机逻辑图主要用于分析故障，而安装接线图则用于具体查询故障。它们对于分析、查询和排除故障是十分重要的。

1. 常见故障

（1）永久故障。这类故障一旦产生就会永久保持下去，只有通过人为修复后，故障才会排除。绝大多数静态故障属于这一类。

1）固定电平故障。它是指某一点电平为一个固定值的故障。若电路某一点和电源短路，这时故障点的逻辑电平固定在高电平上。这类故障在没有排除前，故障点的逻辑电平不会恢复到正常值。

2）固定开路故障。这是一种在电路中经常出现的故障，例如门电路某个输入管栅极引线断开或外引线未和其他路连通而悬空，这时门电路的输出端处于高阻状态，这种故障称为开路故障。由于门电路输入和输出电阻非常大，门电路输出和下级门电路间的分布电容对电荷的存储效应使得输出电平在一定时间内会保持不变。

3）桥接故障。桥接故障是由2根或多根信号线相互短路造成的，裸线部分过长，或印制电路焊接不注意时容易引起这类故障。

桥接故障主要有两种类型：一种是输入信号线之间桥接造成的故障；另一种为输出和输入线连在一起所形成的反馈桥接故障。桥接故障会改变原有电路的逻辑功能。

（2）随机故障。这类故障具有偶发的特点，出现电路故障的瞬间会造成电路功能错误，故障消失后，功能又恢复正常。它的表现形式为时有时无，出现具有随机性。引线松动、虚焊，设计不合理，电磁干扰等都会使系统产生随机故障。对于引线松动、虚焊引起的随机故障应修理加以排除；对于设计不合理（如竞争冒险现象）引起的随机故障应在电路设计上采取措施加以消除；对于电磁干扰引起的随机故障需要进行防范。随机故障的检查和判断是十分麻烦的。

2. 发现故障时采取的措施

（1）先切断电源，检查电源和"地"有否接错，输出端有否错接电源或"地"。如果错接，应立即改正，以免损坏器件。

（2）分析故障发生的区域，以缩小查找范围。

（3）用单拍工作方式，判断故障是出现于特定的节拍还是普遍存在。

（4）判断在给定的状态和给定的输入下，故障是必然的还是偶然的。

3. 产生故障的主要原因

（1）设计电路时未考虑集成电路的参数和工作条件。如果集成电路的参数不合适、工作条件不具备，就会产生故障。设计电路时应考虑以下情况：

1）集成电路负载能力差，负载能力不能满足实际负载的需要。例如，一个普通与非门能带动同类门的数目为 N，实际驱动 M 个同类门，若 $M>N$，则无法驱动，电路的逻辑功能将被破坏，系统不能正常工作，这时应选用负载能力更强的集成电路。

2）集成电路工作速度低。一组输入信号通过集成电路需要延时一段时间才能在输出端得到稳定的输出信号，输出信号稳定后才能输入第2组输入信号。若集成电路工作速度低，内部延时过长，则在输入脉冲频率较高时，会出现输出不稳定的故障。要查出这种故障十分困难，在进行逻辑设计时，应选用比实际工作速度更高的集成电路。

3）电子元器件的热稳定性差。电子元器件的特性受温度的影响较大，主要表现为开机时设备工作正常，经过一段工作时间后，随着机内温度升高工作便不正常了，关机冷却一段时间后再开机又恢复正常；反之，当机内温度较低时出现故障，而温度升高后设备工作正常。这些都属于热稳定性差引起的故障，在分立元件为主的设备中表现更为突出。要解决上述故障，要设计时选用热稳定性好的电子元器件。

（2）安装布线不当。在安装中断线、桥接、漏线、错线、多线、插错电子元器件、使能端信号加错或未加、闲置输入端处理不当（如集成电路闲置输入端悬空）都会造成故障。另外，布线和元器件安置不合理，容易引起干扰，也会造成各种各样的故障。应以集成电路为中心检查有无上述问题，重点检查集成电路是否插错，各元器件之间连线是否正确，电源线和地线是否合理。

（3）接触不良。这也是容易发生的故障，如插接件松动、虚焊、接点氧化等。这类故障的表现为信号时有时无，带有一定的偶发性。减少这类故障的办法是选用质量好的插接件，从工艺上保证焊接质量。

（4）工作环境。许多数字设备对工作环境都有一定的要求，恶劣的环境状态下，如温度过高或过低、湿度过大等，都难以确保设备正常工作。

4. 保证设备正常工作

使用环境的电磁干扰超过设备的允许范围也会使设备不能正常工作。

5. 查找故障的常用方法

查找故障的目的是确定故障的原因和部位，以便及时排除，使设备恢复正常工作。查找故障通常采用以下方法：

（1）直观检查法。直观检查法有以下几种：

1）常规检查。常规检查主要是检查设备功能是否符合要求，能否正常使用。首先应观察设备有没有被腐蚀、破损，电源保险丝是否烧断，导线有无错接、漏接、断线或接触不良之处，电子元器件有无变色或脱落。此外，还应检查插件的松动、电解电容的漏液、焊点的脱落等，这些都是查找故障的重要线索。

2）静态检查。所谓静态检查就是将电路通电后，观察有无异常现象，并用仪表测试电路逻辑功能是否正常。例如，集成电路芯片和晶体管等外壳过热、因功率过大烧毁电子元器件产生的异味或冒烟等是异常现象；若无异常现象，还需要用仪表测试电路的逻辑功能，并做详细记录，以供分析故障使用。静态检查是查找故障的重要方法，很大一部分故障可以在静态检查中发现并消除。

3）缩小故障所在区域。一个数字系统通常由多个子系统或模块组成，一旦发生故障往往很难查找，这时首先应该根据故障现象和检测结果进行分析、判断，确定故障可能出现的子系统或模块，然后再对该子系统或模块进行单独检查。

（2）顺序检查法。顺序检查法通常采用由输入到输出和由输出到输入两种检查法。

1）由输入级逐级向输出级检查。采用这种方法检查时，通常需要在输入端加入信号，然后沿着信号的流向逐级向输出级进行检查，直到发现故障为止。

2）由输出级逐级向输入级检查。当发现输出信号不正常时，这时应从故障级开始逐级向输入级进行检查，直到查出输出信号好的一级为止，则故障便出现在信号由正常变为不正常的一级。有些子系统不但有分支模块、汇合模块，有的还有反馈回路，使故障的检查变得较为复杂。一般按以下方法检查：对于分支模块、汇合模块一般由输入级开始逐级检查各模块的输入信号和输出信号，以确定故障部位；对于具有反馈回路的系统，由于反馈回路将部分或全部输出信号反馈到输入端形成了闭合回路，这类系统出现的故障可能在系统模块内，也可能在反馈回路内。检查这类故障时，通常将反馈回路断开，对每一个模块单独检查，以便确定故障所在模块，若模块正常工作，则故障就出现在反馈环路内。

（3）对分法。对分法就是把有故障的电路根据逻辑关系分成两部分，确定是哪一部分有问题，然后再对有故障的电路再次对分，直至找到故障所在。对分法能加快查找故障的速度，是一种十分有效的检查方法。

（4）比较法。比较法就是通过测量将故障电路与正常电路的状态、参数等进行逐项比较。为了尽快找出故障，常将故障电路主要测试点的电压波形及电抗电压参数和一个工作正常的相同电路的对应测试点参数进行比较，从而查出故障。比较法也是一种常用故障检查方法。

（5）替换法。替换法就是将检测好的器件或电路代替怀疑有故障的器件或电路，以判断故障，排除故障。若替换后故障消失了，则说明元器件或电路有故障，同时也排除了故障，这是替换法的优点。替换法方便易行，但有可能损坏器件，使用时要慎重。

除了以上方法外，人们在实践中还摸索到其他一些方法，实际操作时，应灵活运用上述方法。当数字系统有多种故障同时出现时，应先检查、排除对系统工作影响严重的故障，然后再检查排除其他次要的故障。

6. 故障的排除

故障查出后，就要排除，排除故障并不困难。若故障是由于电子元器件的损坏所造成的，最好用同厂、同型号的元器件替换，也可用同型号的其他厂家产品替换，但要保证质量；若故障是由导线的断线、焊点的脱落等原因引起的，则应更换好的导线，焊好脱落的焊点；若故障是由竞争冒险引起的，则应消除竞争冒险；若故障是由电源干扰引起的，则应加去耦电容以消除来自电源的干扰。在故障排除后应检查修复后的数字系统是否已完全恢复正常功能，是否带来其他问题。只有功能完全恢复，达到规定的技术要求，而又没有附加问题时，才能确信故障完全排除。

1.4　数字电路实验箱简介

THD-4 型数字电路实验箱是根据目前我国"数字电子技术"教学大纲的要求，配合大学生学习有关数字电路基础等课程而制作的实验装置，它包含了全部数字电路的基本教学实验内容及有关课程设计的内容。

本实验装置主要是由一大块单面线路板制成，其操作面板如图 1-4-1 所示，面上印有清晰的图形线条、字符，使其功能一目了然。板上设有可靠的各种集成块插座及镀银长紫铜针管插座等几百个元器件，实验连接线采用高可靠、高性能的自锁紧插件；板上还装有信号源、逻辑笔、直流电源插座以及控制、显示等部件，故本实验箱具有实验功能强，资源丰富，使用灵活，接线可靠，操作快捷，维护简单等优点。本实验箱所用的元器件均经精心选购，属于优质产品，可放心让学生进行实验。

整个实验功能板放置并固定在体积为 0.46m×0.36m×0.14m 的高强度 ABS 工程塑料保护箱内，实验箱净重 6kg，造型美观大方。

1.4.1　组成和使用

1. 实验箱的供电

实验箱的后方设有带保险丝管（0.5A）的 220V 单相电源三芯插座（配有三芯插头电源

线一根）。箱内设有一只降压变压器，供四路直流稳压电源用。

图 1-4-1　THD-4 型数字电路实验箱操作面板

2．一块大型（320mm×430mm）单面敷铜印制线路板

正面丝印有清晰的各部件、元器件的图形、线条和字符；反面则是其相应的印刷线路板图。

该板上包含着以下各部分内容：

（1）电源总开关（POWER ON/OFF）及电源指示灯各一只。

（2）高性能双列直插式圆脚集成电路插座 17 只。其中，40P 1 只，28P 1 只，20P 1 只，18P 2 只，16P 5 只，14P 4 只，8P 2 只。

（3）400 多个高可靠的锁紧式、防转、叠插式插座。它们与集成电路插座、镀银针管座以及其他固定器件、线路等已在印制板面连接好。正面板上有黑线条连接的地方，表示反面（即印制线路板面）已接好。

这类插件，其插头与插座的导电接触面很大，接触电阻极其微小（接触电阻≤0.003Ω，使用寿命>10000 次以上），在插入时略加旋转后，即可获得极大的轴向锁紧力，拔出时，只要反方向略加旋转即可轻松地拔出，无需任何工具便可快捷插拔，而且插头与插头之间可以叠插，从而可形成一个立体布线空间，使用极为方便。

（4）200 多根镀银长（15mm）紫铜针管插座，供实验时接插小型电位器、电阻、电容等分立元件之用（它们与相应的锁紧插座已在印刷线路板面连通）。

（5）4 组 BCD 码二进制七段译码器 CD4511 与相应的共阴 LED 数码显示管（它们在印

刷线路板面）已连接好。

只要开启＋5V 直流电源，并在每一位译码器的四个输入端 A、B、C、D 处加入四位 0000～1001 的代码，数码管即显示出 0～9 的十进制数字。

（6）4 位 BCD 码十进制码拨码开关组。每一位的显示窗指示出 0～9 中的一个十进制数字，在 A、B、C、D 四个输出插口处输出相对应的 BCD 码。每按动一次"＋"或"－"键，将顺序地进行加 1 计数或减 1 计数。

若将某位拨码开关的输出 A、B、C、D 连接在（5）的一位译码显示的输入端口 A、B、C、D 处，当接开启＋5V 电源时，数码管将点亮显示出与拨码开关所指示的一致的数字。

（7）15 个逻辑开关及相应的开关电平输出插口。在开启＋5V 电源后，当开关向上拨，指向"H"，则输出口呈现高电平，相应的 LED 发光二极管点亮；当开关向下拨，指向"L"，则输出 D 呈现低电平，相应 LED 发光二极管熄灭。

（8）15 个 LED 发光二极管显示器及其电平输入插口。用来观察路基电平。在连通＋5V 电源后，当输入口接高电平时，所对应的 LED 发光二极管点亮；输入口接低电平时，则熄灭。

（9）脉冲信号源。在连通＋5V 电源后，在输出口（cpulse output）将输出连续的幅度为 3.5V 的方波脉冲信号。其输出频率由调节频率范围波段开关（Fre.Rang）的位置（1Hz、1kHz、20kHz）决定，并通过频率细调（Fre.Adj.）多圈电位器对输出频率进行细调，并有 LED 发光二极管指示有否脉冲信号输出。当频率范围开关（Fre.Rang）置于 1Hz 挡时，LED 发光指示灯应按 1Hz 左右的频率闪亮。

（10）单次脉冲源 Single Pulse。在连通＋5V 电源后，每按一次单次脉冲按键，在输出口分别送出一个负、正单次脉冲信号，并有 LED 发光 H 极管 L 和 H 用以指示。

（11）三态逻辑笔（Logic pen）。将逻辑笔的电源 V_{cc} 接通＋5V 电源，将被测的逻辑电平信号通过连接线插在输入口（Input），三个 LED 发光二极管即告知被测信号的逻辑电平的高低。"H"亮表示为高电平（＞2.4V），"L"亮表示为低电平（＜0.6V），"R"亮表示为高阻态或电平处于 0.6V～2.4V 范围内不高不低的电平值。

🔊 注 意

　　这里的参考地电平为"⊥"，故不适于测－5V 和－15V 电平。

（12）直流稳压电源 DC Source。提供 5V，0.5A 和 15V，0.5A 四路直流稳压电源，每路均有短路保护自恢复功能，其中＋5V 具有短路警告指示功能。有相应的电源输出插座及相应的 LED 发光二极管指示。只要开启电源分开关 ON/OFF，就有相应的 5V 或 15V 输出。

（13）其他。设有供实验用的报警指示两路（LED 发光二极管指示与声响电路指示各一路），继电器（Relay）一只，100kΩ碳膜电位器一只，10kΩ多圈电位器一只，32768Hz 晶振一只，按键两只，并附有充足的实验连接导线一套。

（14）在本实验板上还装有一块 166mm×55mm 的面包板，以保留传统面包板的优点。

1.4.2　使用注意事项

（1）使用前应先检查各电源是否正常。

1）先关闭实验箱的所有电源开关（置 OFF 端），然后用随箱的三芯电源线接通实验箱的 220V 交流电源。

2）开启实验箱上的电源总开关 Power（置 ON 端），电源指示灯亮。

3）开启两组直流电源开关 DC Sourse（置 ON），则与 5V 和 15V 相对应的四只 LED 发光二极管应点亮。

4）接通脉冲信号源 Pulse Sourse 的＋5V 电源连线，此时与连续脉冲信号输出口（Pulse output）相接的 LED 发光二极管点亮，并输出连续脉冲信号。

单次脉冲源部分的"L"发光 H 极管应点亮，按下按键，则"灭"，"H"亮。至此，表明实验箱的电源及信号输出均属正常，可以进入实验。

（2）接线前务必熟悉实验板上各组件、元器件的功能及其连接位置，特别要熟知各集成块插脚引线的排列方式及接线位置。

（3）接线完毕，检查无误后，再插入相应的集成电路芯片后方可通电；只有在断电后方可拔下集成芯片，严禁带电插拔集成芯片。

（4）实验始终，板上要保持整洁，不可随意放置杂物，特别是导电的工具和导线等，以免发生短路等故障。

（5）本实验箱上的各挡直流电源及脉冲信号源设计时仅供实验使用，一般不外接其他负载或电路。如作他用，则要注意使用的负载不能超出本电源的使用范围。

（6）实验板上标有＋5V 处，是指实验时须用导线将＋5V 的直流电源引入该处，是电源＋5V 的输入插口。

（7）实验完毕，及时关闭各电源开关（置 OFF 端），并及时清理实验板面，整理好连接导线并放置规定的位置。

（8）实验时需用到外部交流供电的仪器，如示波器等，这些仪器的外壳应妥为接地。

1.4.3　违规操作及维修

（1）若将＋15V 电源接至译码器的输入口 A、B、C、D 会损坏 CD4511 芯片，更换后正常。

（2）若将＋15V 电源接至脉冲源及单次脉冲的输出口会损坏 CD4050 芯片，更换后正常。

（3）若将－15V 与＋5V 电源短接会损坏报警电路芯片 74LS00，更换后正常。

（4）若将＋15V 电源接至三态逻辑输入口长时间将损坏芯片 339，更换后正常。

第 2 章　数字电子技术基础实验

2.1　实验一　基本逻辑门电路入门及数字实验仪的使用练习

2.1.1　实验目的

（1）掌握门的规定及标准逻辑电平。

（2）学习和掌握集成芯片的排列及数字实验仪的使用方法。

2.1.2　实验仪器及设备

实验仪器及设备见表 2-1-1。

表 2-1-1　　　　　　　　　　实 验 仪 器 及 设 备

序　　号	名　　称	数　　量
1	直流稳压电源	1
2	数字实验仪	1
3	万用表	1

2.1.3　实验预习要求

（1）复习各种门电路的逻辑符号、逻辑函数式、真值表。

（2）阅读实验教程，了解认识本实验的实验目的、实验仪器及设备、实验原理、实验内容及步骤，完成实验一考核表中的预习思考题。

2.1.4　实验原理

1. 逻辑功能

数字电路中基本的逻辑功能只有三种。

（1）与的功能：只有决定事物结果的全部条件同时满足，结果才会发生。用一个点或×号来表示，或者将变量并列起来。

例如：$Y = A \cdot B$；$Y = A \times B$；$Y = AB$。

（2）或的功能：在决定事物的诸条件中，只要有任何一个满足，结果就会发生。用一个加号表示。

例如：$Y = A + B + C$。

（3）非（反）的功能：只要某一条件具备了，结果便不发生；而此条件不具备时，结果一定发生。在变量上加一横杠来表示。

例如：$\bar{A}$ 读作 A 非。

2. 逻辑符号及输入输出有关的定性符号或代号

（1）逻辑状态：用来表示二进制变量的两种状态，即逻辑"1"状态和逻辑"0"状态。任意状态用"×"或"Φ"表示。

（2）逻辑电平：用来表示逻辑状态的物理量即"H"电平和"L"电平。任意电平常用

"×"表示。

（3）门电路的规定：

1）在门电路输入端标一个"1"，也可表示为"高""H""V_{IH}"。

2）在门电路输入端标一个"0"，也可表示为"低""L""V_{IL}"。

3）在门电路输出端标一个"1"，也可表示为"高""H""V_{OH}"。

4）在门电路输出端标一个"0"，也可表示为"低""L""V_{OL}"。

（4）与输入、输出有关的定性符号或代号（见表 2-1-2）。

当用指示灯（发光二极管）表示门电路的输入和输出状态时，灯亮为 1（H），而灯灭为 0（L）。所有的逻辑电路都可以等效为简单的串并联开关的电子部件组合而成。若两个开关是由机械方式或电子方式彼此耦合起来，则当开关 A 为闭合时，那另一开关 $\overline{A}$ 总是断开的；当开关 A 断开，则开关 $\overline{A}$ 闭合。这种情况具有反的功能，能完成这种功能的门电路就称为反相器。

表 2-1-2　　　　　　　　　　　　　　　输入输出符号及说明

符号	说明	符号	说明
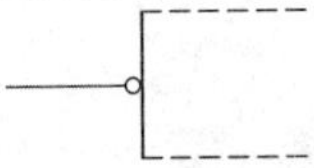	输入逻辑非	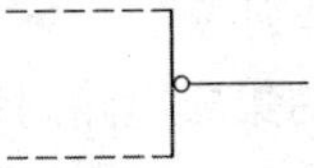	输出逻辑非
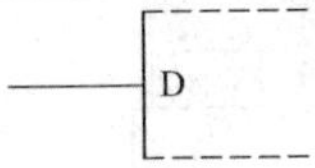 D	D 输入	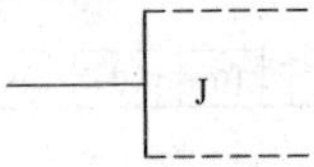 J	J 输入
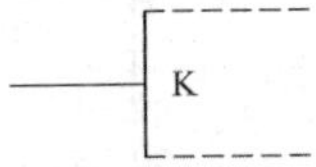 K	K 输入	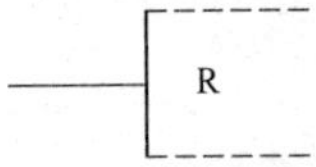 R	R 输入（直接复 0）
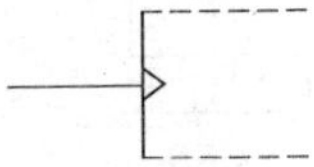	动态输入（CP）（上升沿起作用）	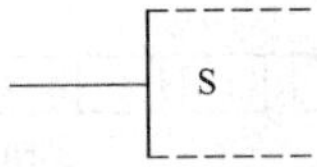 S	S 输入（异步置 1）
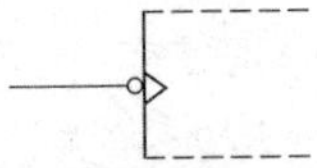	动态输入（CP）（下降沿起作用）		

3. 真值表

真值表简明而完整地描述了每种可能输入状态组合下对应的输出状态。如图 2-1-1 所示电路对应的与逻辑真值表见表 2-1-3。

表 2-1-3　　　　　　　　　　　　　　　与 逻 辑 的 真 值 表

A	B	Y
0	0	0
0	1	0
1	0	0
1	1	1

4. 标准逻辑电平

在大多数数字电路中，只允许存在两种逻辑电平。在每种类型的逻辑集成电路中，这些电平都有规定。在 TTL 类型中，规定输出高电平的下限 $V_{OH(min)}$=2.4V，输出低电平的上限 $V_{OL(max)}$=0.4V，输入低电平的上限 $V_{IL(max)}$=0.8V，输入高电平的下限 $V_{IH(min)}$=2.0V。也就是说：输出在 2.4～5V 范围内为高电平，输出在 0.4～0V 范围内为低电平；输入在 2.0～5V 范围内为高电平，输入在 0.8～0V 范围内为低电平，如图 2-1-2 所示。

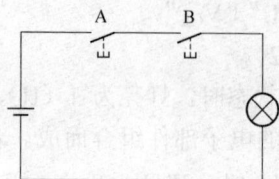

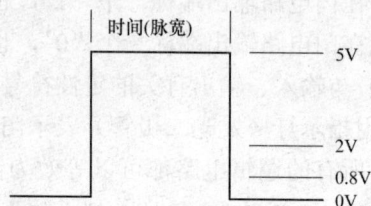

图 2-1-1　示例电路　　　　　　　图 2-1-2　标准逻辑电平

2.1.5　实验步骤及内容

1. 数字实验仪简介

见 1.4 节的内容。

2. 熟悉集成块的管脚排列

图 2-1-3 所示为最常用的集成电路封装式样。

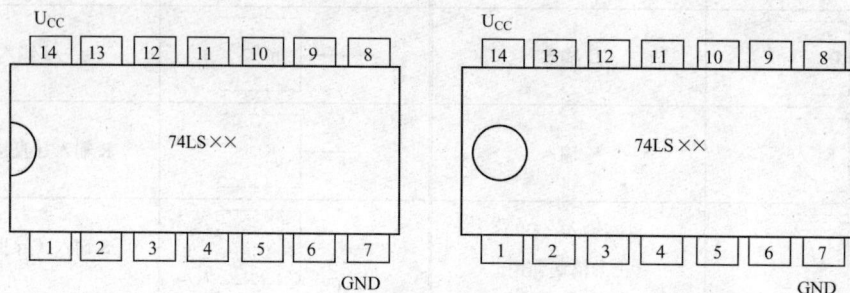

图 2-1-3　常用的集成电路封装式样

　　缺口或圆点向左，从左侧下边第一个管脚，逆时针数，一直到缺口或圆点上边第一管脚为最后一个管脚。一般地，下边右侧最后一个管脚为"地"，上边左侧最后一个管脚为"电源"。如图 2-1-3 所示，集成块"地"端为 7，"电源"为 14。有的芯片共 16 个管脚，则集成块"地"端为 8，"电源"为 16。

3. 逻辑功能测试

（1）与功能。选择芯片 74LS08，自行设计真值表，完成两个变量的与操作 $Y=AB$，画出电路连接图，记录实验数据，填写在实验一考核表中。

（2）或功能。选择芯片 74LS32，自行设计真值表，完成三个变量的或操作 $Y=A+B+C$，画出电路连接图，记录实验数据，填写在实验一考核表中。

（3）非功能。选择芯片 74LS04，自行设计真值表，完成单个变量的非操作，画出电路连接图，记录实验数据，填写在实验一考核表中。

2.1.6　实验注意事项

（1）使用前应先检查各电源及实验板上所有功能块的输出与显示是否正常。如果一切均正常，方可进入实验。

（2）接线前务必熟悉实验板上各元器件的功能、参数及其接线位置，特别要熟知各集成块插脚引线的排列方式及接线位置。

（3）实验接线前必须先断开总电源与各分电源开关，严禁带电接线。

（4）接线完毕，检查无误后，再插入相应的集成电路芯片才可通电，也只有在断电后方可插拔集成芯片。严禁带电插拔集成芯片。

（5）实验始终，实验板上要保持整洁，不可随意放置杂物，特别是导电的工具和多余的导线等，以免发生短路等故障。

（6）实验中需了解集成电路芯片的引脚功能及其排列方式时，可查阅实验指导书的附录 B 部分。

2.1.7　实验思考题

（1）TTL 与非门的开门电平 V_{ON}、关门电平 V_{OFF}、输出高电平 V_{OH}、输出低电平 V_{OL} 的典型值为多少？

（2）如果有一个芯片引出管脚为 20 个时，那么哪个管脚是"地"，哪个管脚是"电源"？

（3）如果在数字实验板使用的底座是 20 个管脚，而插入的集成块是 14 管脚，且 1 管脚与 1 管座对应插入，那么应将"电源"还是"地"用短路线连接？是哪两个管脚号连接？为什么？

（4）试说明能否将与非门、或非门、异或门当反相器使用，如果可以，各输入端如何连接。

2.1.8　实验报告要求

（1）叙述基本逻辑门电路入门及数字实验仪的使用练习的实验目的、实验仪器及设备、实验原理、实验内容和步骤（实验报告）。

（2）整理考核表中的实验数据，分析原因，完成实验总结。

（3）将实验报告与考核表装订起来上交指导教师。

2.2　实验二　TTL"与非"门特性测试及应用

2.2.1　实验目的

（1）学习和掌握测试 TTL"与非"门静态参数的测试方法。

（2）学习应用"与非"门实现其他功能。

2.2.2　实验仪器及设备

实验仪器及设备见表 2-2-1。

表 2-2-1　　　　　　　　　　　实 验 仪 器 及 设 备

序号	名　　称	数量	序号	名　　称	数量
1	直流稳压电源	1	3	万用表	1
2	数字实验仪	1	4	74LS00	1

2.2.3　实验预习要求

（1）复习 TTL"与非"门的工作原理、特性及主要参数的意义。

（2）阅读实验教程，了解认识本实验的实验目的、实验仪器及设备、实验原理、实验内容及步骤，完成实验二考核表中的预习思考题。

2.2.4 实验原理

TTL 集成与非门是数字电路中广泛使用的一种基本逻辑门。使用时，必须对它的逻辑功能、主要参数和特性曲线进行测试，以确定其性能的好坏。测试门电路的逻辑功能有两种方法：

（1）静态测试法：就是给门电路输入端加固定高、低电平，用万用表、发光二极管等测输出电平。

（2）动态测试法：就是给门电路输入端加一串脉冲信号，用示波器观测输入波形与输出波形的关系。

1. 与非门的逻辑功能

与非门的逻辑功能是：当输入端中有一个或一个以上是低电平时，输出端为高电平；只有当输入端全部为高电平时，输出端才是低电平（即有"0"得"1"，全"1"得"0"）。其逻辑表达式为

$$Y = \overline{AB\cdots}$$

2. TTL 与非门的主要参数

（1）输出低电平 V_{OL}：输出低电平是指与非门的所有输入端都接高电平时的输出电平值。

（2）输出高电平 V_{OH}：输出高电平是指与非门有一个以上输入端接低电平时的输出电平值。

（3）低电平输入电流 I_{IL}：I_{IL} 是指被测输入端接地，其余输入端悬空，输出端空载时，由被测输入端流出的电流值。在多级门电路中，I_{IL} 相当于前级门输出低电平时，后级向前级门灌入的电流，因此它关系到前级门的灌电流负载能力，即直接影响前级门电路带负载的个数，因此希望 I_{IL} 小一些。

（4）高电平输入电流 I_{IH}：I_{IH} 是指被测输入端接高电平，其余输入端接地，输出端空载时，流入被测输入端的电流值。在多级门电路中，它相当于前级门输出高电平时，前级门的拉电流负载，其大小关系到前级门的拉电流负载能力，希望 I_{IH} 小一些。由于 I_{IH} 较小，难以测量，一般免于测试。

2.2.5 实验步骤及内容

采用 74LS00 四 2 输入正与非门（$Y = \overline{AB}$）集成电路，每个集成片内集成四个 2 输入端的与非门，其管脚排列见附图 B-1。

1. 2 输入"与非"门电压传输特性测试

（1）实验电路如图 2-2-1 所示，按图 2-2-1 连接电路，检查无误后连通电源。

（2）将输入端 1 接高电平，输入端 2 开路（悬空），观察输出端 3 的电压值；再将输入端 1 接低电平，输入端 2 开路，观察输出端 3 的电压值。验证电路逻辑关系。

（3）将输入端 1 接高电平（或悬空），输入端 2 与直流稳压电源相连（0～5 V），用万用表测出输入电压 V_1 在 0～5 V 范围内变化时对应的输出电压 V_0 的值，将 V_0 值填写在实验二考核表中。

2. "与非"门输入电流测试

（1）按图 2-2-2 所示连接实验电路，检查元件无误后接通电源，读出电流表 A 的读数。

此时，电流表 A 的读数是输入高电平电流 I_{IH} 值，将 I_{IH} 值填写在实验二考核表中。

（2）按图 2-2-3 所示连接实验电路，检查无误后接通电源，读出电流表 A 的读数。此时，电流表 A 的读数就是低电平电流 I_{IL} 值，将 I_{IL} 值填写在实验二考核表中。

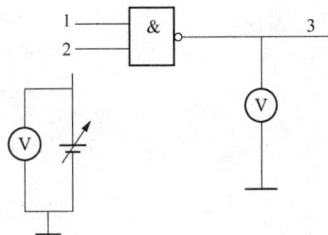

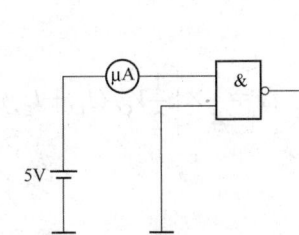

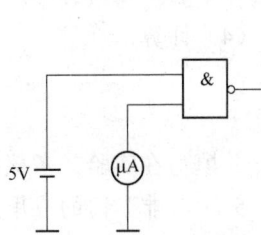

图 2-2-1　电压传输特性测试连接图　　图 2-2-2　输入高电平电流测试　　图 2-2-3　输入低电平电流测试

3. 输出电流测试

（1）按图 2-2-4 所示连接实验电路。

（2）将输入端 1 连接 S_1 位置（也就是地），此时被测门 G1 输出为高电平，输出端串接电流表 A1，极性如图 2-2-4 所示。

（3）将被测门 G1 的输出端与一个负载门相连接，读 A1 的电流值 I_{OH1}，将 I_{OH1} 值填写在实验二考核表中。

（4）将 G1 的输出端与四个负载门相连接，读 A1 的电流值 I_{OH4}，将 I_{OH4} 值填写在实验二考核表中。

（5）将 G1 的输出端与八个负载门相连接，读 A1 的电流值 I_{OH8}，将 I_{OH8} 值填写在实验二考核表中。

（6）将输入端 1 连接 S_2 位置（也就是＋5V），此时被测门 G1 输出为低电平，输出端串接电流表 A2，极性如图 2-2-4 所示。

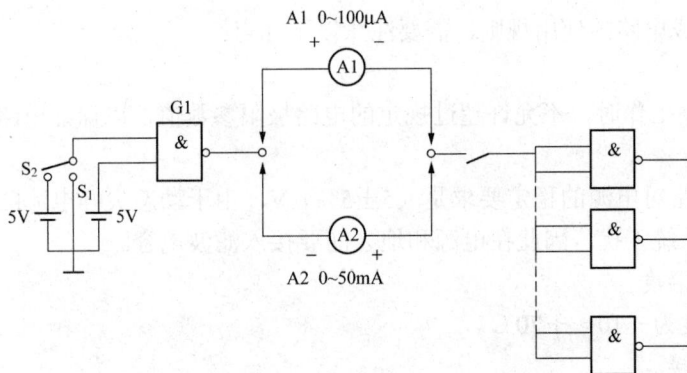

图 2-2-4　输出电流测试电路

（7）重复步骤（3）～（5），读 A2 的值，分别记录为 I_{OL1}、I_{OL4}、I_{OL8}，并将其填写在实验二考核表中。

4. 静态功耗测试

（1）参照图 2-2-5，将 74LS00 的四个"与非"门输入端全部连在一起，按图在 14 脚处串联电流表 A 后再接到电压 V_{CC} 处。

（2）将所有门的输入端接到＋5V端（即高电平），读电流表 A 指示，将结果记为 I_{E1}，并填写在实验二考核表中。

（3）将所有门的输入端接到接地端（即低电平），读电流表 A 指示，将结果记为 I_{E2}，并填写在实验二考核表中。

（4）计算

$$P=\frac{1}{4}\times\left[\frac{1}{2}V_{CC}(I_{E1}+I_{E2})\right]$$

并填写在实验二考核表中。

5．"与非"门的应用

（1）选择芯片 74LS00 和 74LS04，按图 2-2-6 连接实验电路，检查无误后，接通电源。

（2）按实验二考核表中真值表规定的状态分别输入。将输入端 A、B、C、D 分别连接到逻辑电平开关上，输出端 Y 接到发光二极管（指示器）上，观察它的输出状态，记录到实验二考核表中。

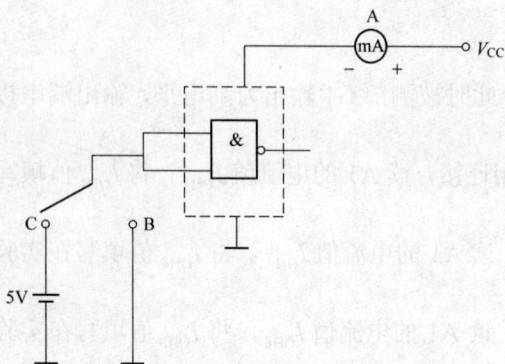

图 2-2-5　静态功耗测试电路

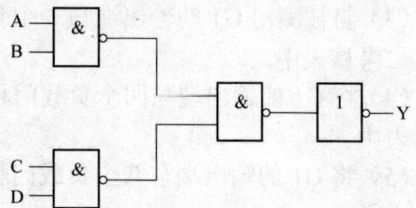

图 2-2-6　"与非"门的应用连接电路

2.2.6　实验注意事项

关于 TTL 集成电路的使用规则，需要注意以下几点：

1．工作极限

TTL 集成电路工作时，不允许超过规定的电路极限参数值，以保证电路可靠工作。

2．电源

TTL 集成电路对电源的稳定要求是（5±5%）V，由于动态尖峰电流的存在，使瞬态功耗增加，并引入系统干扰，因此在电源和地之间要接入滤波电容。

3．工作环境温度

工作环境温度为－10～＋70℃。

4．输出端连接

TTL 集成电路输出端不允许直接接电源或地。三态门输出端可以并联使用，但任一时刻只允许一个门处于工作状态，其他门处于高阻状态。OC 门输出也可以并联使用，在公共输出端上应外接负载电阻 R_L 到电源 V_{CC}。

5．多余输入端接法

TTL 集成电路输入端悬空相当于逻辑高电平。"与非"门不使用的输入端可以悬空，但不允许带开路长线，以免引入干扰，产生逻辑错误。为使逻辑功能稳定可靠，不用的输入端可以按逻辑功能要求直接接电源 V_{CC}，通过电阻（≥1kΩ）接电源 V_{CC}；接地或把不使用的输入端和使用的输入端并接的。图 2-2-7 所示为 TTL 逻辑不使用输入端的处置。

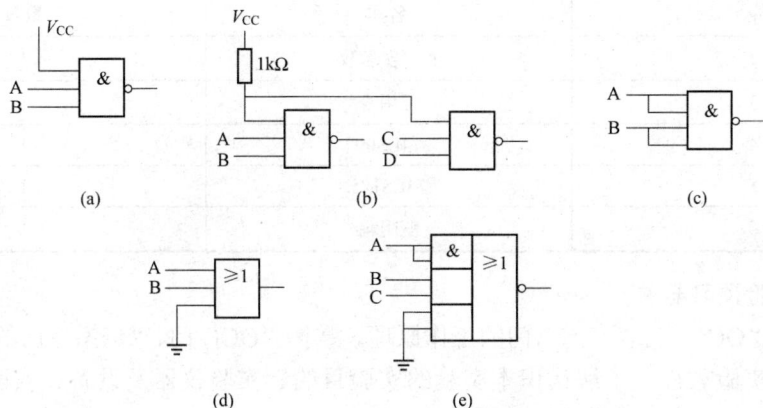

图 2-2-7　TTL 逻辑不使用输入端的处置

2.2.7　实验思考题

（1）"与非门"的 V_{CH}、V_{CL}、V_{CFF}、V_{CN}、V_{NH}、V_{NL} 含义各是什么？

（2）试说明"与非"门输入高电平和低电平时，输入电流大小和方向。

（3）试说明输出高电平和低电平时，输出电流的大小和方向，并讨论与负载的关系。

（4）在测试静态功耗时，为什么将四个门的输入端联在一起？

（5）根据表 2-2-1 所测的数据，在坐标纸上画出与非门输入——输出电压传输特性曲线。读出 V_{CH}、V_{CL}、V_{CFF}、V_{CN}、V_{NH}、V_{NL} 的值。

（6）计算 74LS00 的功耗。

2.2.8　实验报告要求

（1）叙述 TTL "与非门"特性测试及应用的实验目的、实验仪器及设备、实验原理、实验内容和步骤（实验报告）。

（2）整理考核表中的实验数据，分析原因，完成实验总结。

（3）将实验报告与考核表装订起来上交指导教师。

2.3　实验三　"OC"门、"三态"门的特性及应用

2.3.1　实验目的

（1）熟悉集电极开路（OC）"与非"门的静态特性和外接负载电阻 R_L 的选择。熟悉三态门缓冲器的特性。

（2）掌握"线与"逻辑实现方法和三态门形成总线的方法。

2.3.2　实验仪器及设备

实验仪器及设备见表 2-3-1。

表 2-3-1　　　　　　　　　　　　实验仪器及设备

序号	名称	数量
1	直流稳压电源	1

序号	名称	数量
2	数字实验仪	1
3	万用表	1
4	74LS09	1
5	74LS125	1
6	变阻箱	1

2.3.3　实验预习要求

（1）复习"OC"门、"三态"门的工作原理。掌握"OC"门、"三态"门的应用与区别。

（2）阅读实验教程，了解认识本实验的实验目的、实验仪器及设备、实验原理、实验内容及步骤，完成实验三考核表中的预习思考题。

2.3.4　实验原理

数字系统中，有时需把两个或两个以上集成逻辑门的输出端连接起来，完成一定的逻辑功能。普通 TTL 门电路的输出端是不允许直接连接的。图 2-3-1 表示出了两个 TTL 门输出短接的情况，为简单起见，图中只画出了两个与非门的推拉式输出级。设门 A 处于截止状态，若不短接，输出应为高电平；设门 B 处于导通状态，若不短接，输出应为低电平。在把门 A 和门 B 的输出端做如图 2-3-1 所示连接后，从电源 V_{CC} 经门 A 中导通的 VT4、VD3 和门 B 中导通的 VT5 到地，有了一条通路，其不良后果如下：

（1）输出电平既非高电平，也非低电平，而是两者之间的某一值，导致逻辑功能混乱。

（2）上述通路导致输出级电流远大于正常值（正常情况下 VT4 和 VT5 总有一个截止），导致功耗剧增，发热增大，可能烧坏器件。

集电极开路门和三态门是两种特殊的 TTL 电路，它们允许把输出端互相连在一起使用。

1. 集电极开路门（OC 门）

集电极开路门（open-collector gate），简称 OC 门。它可以看成是图 2-3-1 所示的 TTL 与非门输出级中移去了 VT4、VD3 部分。集电极开路与非门的电路结构与逻辑符号如图 2-3-2 所示。

必须指出：OC 门只有在外接负载电阻 R_c 和电源 E_c 之后才能正常工作，如图 2-3-2 中的虚线所示。

由两个集电极开路与非门（OC）输出端相连组成的电路如图 2-3-3 所示。

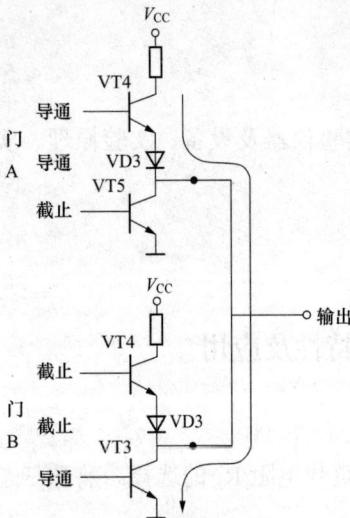

图 2-3-1　不正常情况：普通
TTL 门电路输出端短接

它们的输出为

$$Y = Y_A \cdot Y_B = \overline{A_1 A_2} \cdot \overline{B_1 B_2} = \overline{A_1 A_2 + B_1 B_2}$$

即把两个集电极开路与非门的输出相与（称为线与），完成与或非的逻辑功能。

OC 门主要有以下三方面的应用：

（1）实现电平转换。无论是用 TTL 电路驱动 CMOS 电路还是用 CMOS 电路驱动 TTL 电

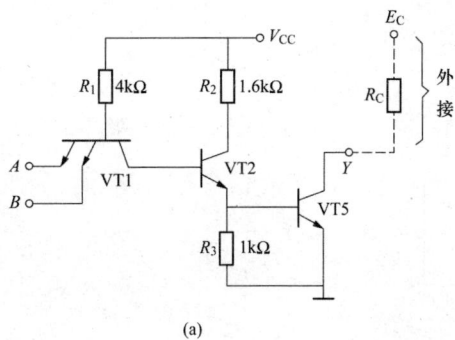 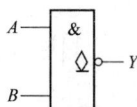 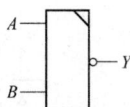 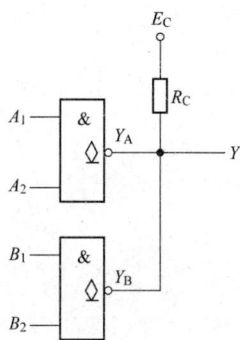

图 2-3-2　集电极开路与非门　　　　　　　　图 2-3-3　OC 门的线与应用

（a）电路结构；（b）国标逻辑符号；（c）惯用逻辑符号

路，驱动门必须能为负载门提供符合标准的高、低电平和足够的驱动电流，即必须同时满足下列四个式子：

驱动门　　负载门

$$V_{\mathrm{OH(min)}} \geqslant V_{\mathrm{IH(min)}}$$

$$V_{\mathrm{OL(max)}} \leqslant V_{\mathrm{IL(max)}}$$

$$I_{\mathrm{OH(max)}} \geqslant I_{\mathrm{IH}}$$

$$I_{\mathrm{OL(max)}} \geqslant I_{\mathrm{IL}}$$

式中　$V_{\mathrm{OH(min)}}$——门电路输出高电平 V_{OH} 的下限值；

$V_{\mathrm{OL(max)}}$——门电路输出低电平 V_{OL} 的上限值；

$I_{\mathrm{OH(max)}}$——门电路带拉电流负载的能力，或称放电流能力；

$I_{\mathrm{OL(max)}}$——门电路带灌电流负载的能力，或称吸电流能力；

$V_{\mathrm{IH(min)}}$——能保证电路处于导通状态的最小输入（高）电平；

$V_{\mathrm{IL(max)}}$——能保证电路处于截止状态的最大输入（低）电平；

I_{IH}——输入高电平时流入输入端的电流；

I_{IL}——输入低电平时流出输入端的电流。

注　意

　　当 74 系列或 74LS 系列 TTL 电路驱动 CD4000 系列或 74HC 系列 CMOS 电路时，不能直接驱动，因为 74 系列的 TTL 电路 $V_{\mathrm{OH(min)}}=2.4\mathrm{V}$，74LS 系列的 TTL 电路 $V_{\mathrm{OH(min)}}=2.7\mathrm{V}$，CD4000 系列的 CMOS 电路 $V_{\mathrm{IH(min)}}=3.5\mathrm{V}$，74HC 系列 CMOS 电路 $V_{\mathrm{IH(min)}}=3.15\mathrm{V}$，显然不满足 $V_{\mathrm{OH(min)}} \geqslant V_{\mathrm{IH(min)}}$。

　　最简单的解决方法是在 TTL 电路的输出端与电源之间接入上拉电阻 R_{c}，如图 2-3-4 所示。

（2）实现多路信号采集，使两路以上的信息共用一个传输通道（总线）。

（3）利用电路的线与特性方便地完成某些特定的逻辑功能。

在实际应用时，有时需将几个 OC 门的输出端短接，后面接 m 个普通 TTL 与非门作为负载，如图 2-3-5 所示。

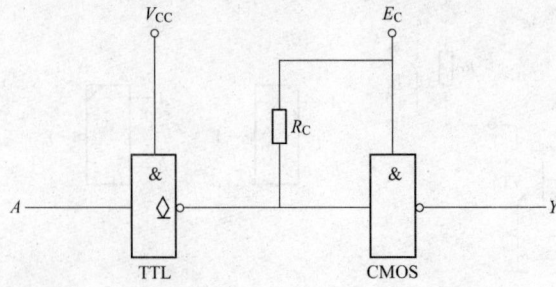

图 2-3-4　TTL（OC）门驱动 CMOS 电路的电平转换

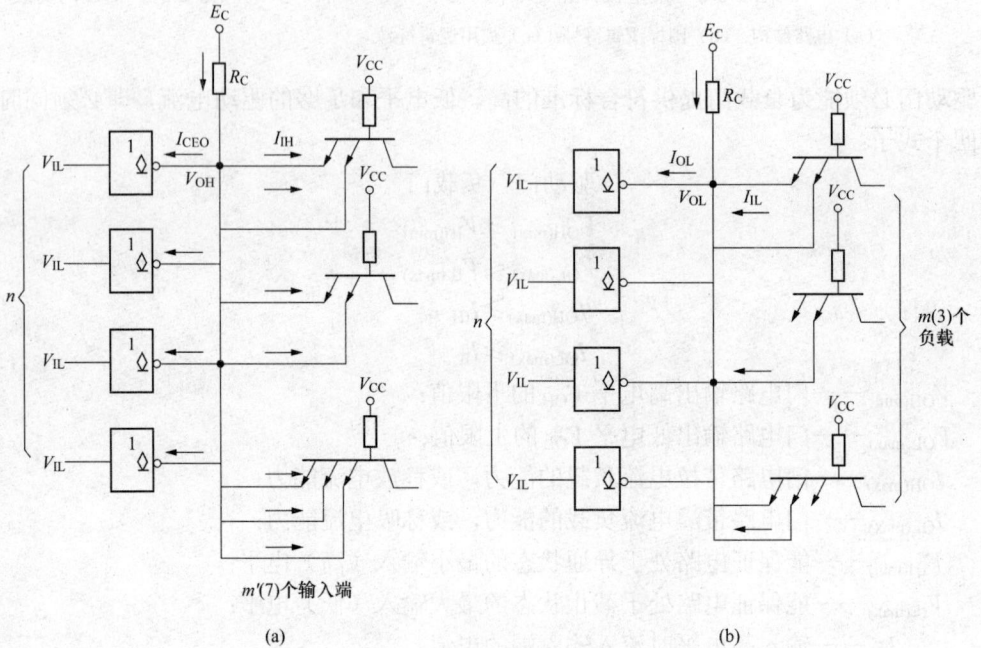

(a)　　　　　　　　　　(b)

图 2-3-5　计算 OC 门外接电阻 R_c 的工作状态

（a）计算 R_c 最大值；（b）计算 R_c 最小值

为保证集电极开路门的输出电平符合逻辑要求，R_c 的数值选择范围如下：

$$R_{c(min)} = \frac{E_c - V_{OL(max)}}{I_{OL(max)} - mI_{IL}}$$

$$R_{c(max)} = \frac{E_c - V_{OL(min)}}{nI_{CEO} + m'I_{IH}}$$

式中　I_{CEO}——OC 门输出三极管 VT5 截止时的漏电流；

E_c——外接电源电压值；

m——TTL 负载门个数；

n——输出短接的 OC 门个数；

m'——各负载门接到 OC 门输出端的输入端总和。

R_c 值的大小会影响输出波形的边沿时间，在工作速度较高时，R_c 的取值应接近 $R_{c(min)}$。

2. 三态门

三态门，简称 TSL（three-state logic）门，是在普通门电路的基础上，附加使能控制端和控制电路构成的。图 2-3-6 所示为三态门的结构和逻辑符号。

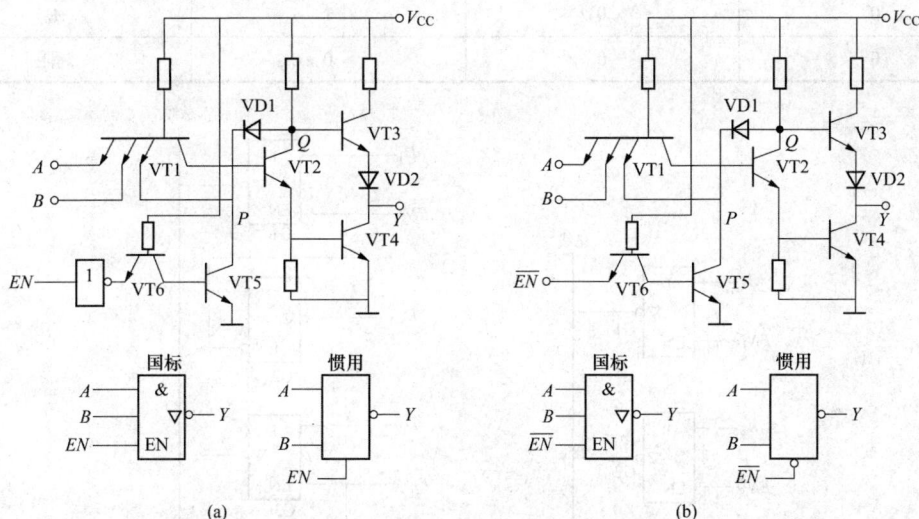

图 2-3-6　三态门的结构和逻辑符号

（a）使能控制端高电平有效；（b）使能控制端低电平有效

三态门除了通常的高电平和低电平两种输出状态外，还有第三种输出状态——高阻态。处于高阻态时，电路与负载之间相当于开路。图 2-3-6（a）是使能端高电平有效的三态与非门，当使能端 $EN=1$ 时，电路为正常的工作状态，与普通的与非门一样，实现 $Y=\overline{AB}$；当 $EN=0$ 时，为禁止工作状态，Y 输出呈高阻状态。图 2-3-6（b）是使能端低电平有效的三态与非门，当 $\overline{EN}=0$ 时，电路为正常的工作状态，实现 $Y=\overline{AB}$；当 $\overline{EN}=1$ 时，电路为禁止工作状态，Y 输出呈高阻状态。

三态门电路用途之一是实现总线传输。总线传输的方式有单向总线和双向总线两种。

（1）单向总线，如图 2-3-7（a）所示，功能表见表 2-3-2，可实现信号 A_1、A_2、A_3 向总线 Y 的分时传送。

（2）双向总线，如图 2-3-7（b）所示，功能表见表 2-3-3，可实现信号的分时双向传送。

单向总线方式下，要求只有需要传输信息的那个三态门的控制端处于使能状态（$EN=1$），其余各门皆处于禁止状态（$EN=0$），否则会出现与普通 TTL 门线与运用时同样的问题，因而是绝对不允许的。

表 2-3-2　　　　　　　　　　　　　　单 向 总 线 逻 辑 功 能

使 能 控 制			输出
EN_1	EN_2	EN_3	Y
1	0	0	$\overline{A_1}$

续表

使 能 控 制			输出
EN_1	EN_2	EN_3	Y
1	1	0	$\overline{A_2}$
0	0	1	$\overline{A_3}$
0	0	0	高阻

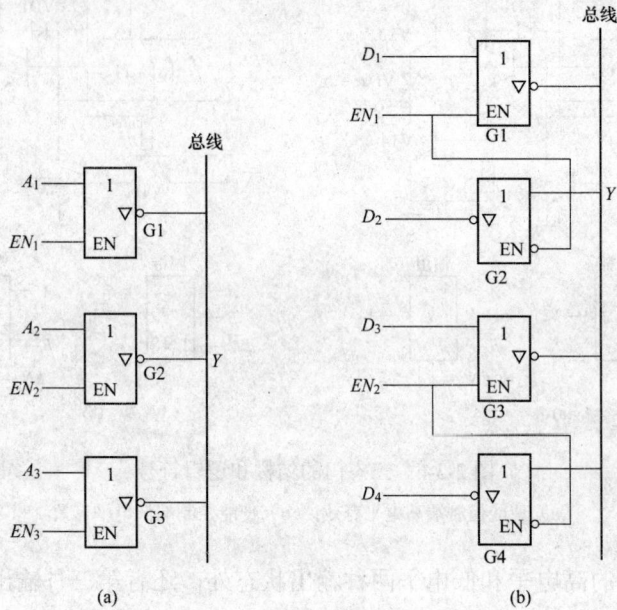

图 2-3-7 三态门总线传输方式

（a）单向总线方式；（b）双向总线方式

表 2-3-3   双 向 总 线 逻 辑 功 能

使能控制		信号传输方向
EN_1	EN_2	
1	0	$\overline{D_1} \to Y$ ，$\overline{Y} \to D_4$
0	1	$\overline{Y} \to D_2$ ，$\overline{D_3} \to Y$

2.3.5 实验步骤及内容

1. 逻辑功能测试

（1）按图 2-3-8 连接实验线路，R_L 为 1kΩ。

（2）输入端 A、B 分别接逻辑开关，输出端 Y 接 LED 指示器。

（3）按实验三考核表验证其逻辑功能，并记录实验结果。

2. 用"OC"门实现"线与"逻辑

（1）按图 2-3-9 连接电路。

（2）输入端 A、B、C 分别接逻辑开关，输出端 Y 接 LED 指示器。

（3）按实验三考核表验证其逻辑功能，并记录实验结果。

3. 三态输出的总线缓冲门测试

采用 74LS125 三态输出的四总线缓冲门集成电路。其逻辑功能为 $Y=A$，低电平使能，即 C 为高电平时，输出端为高阻抗，电路处于禁止状态。其管脚排列见附表。

（1）逻辑功能测试。

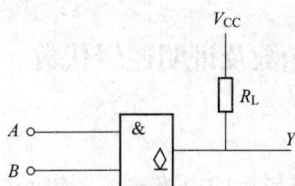

图 2-3-8　OC 门逻辑功能测试电路

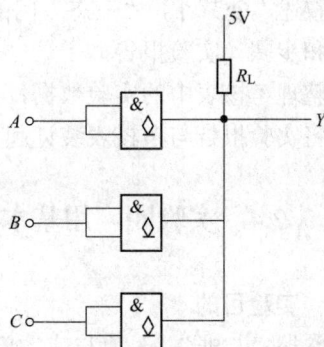

图 2-3-9　用 OC 门实现"线与"逻辑

1）按图 2-3-10 连接电路。

2）A、C 接到逻辑开关。当 $C=0$ 时，Y 接到 LED 指示器上；当 $C=1$ 时，Y 接电压表。

3）按实验三考核表验证其逻辑功能，并记录实验结果。

（2）三态门总线操作。

1）按图 2-3-11 连接电路

2）输入端 A_1、A_2、A_3、C_1、C_2、C_3 分别与逻辑开关连接，且 C_1、C_2、C_3 均置高电平。检查无误后接通电源。

3）按实验三考核表验证其逻辑功能，并记录实验结果。

注 意

控制端 C_1、C_2、C_3 只能分时为低电平。

2.3.6 实验注意事项

（1）做电平转换实验时，只能改变 E_c，千万不能将 OC 门的电源电压 $+V_{CC}$ 接至 $+10V$，以免烧坏器件。

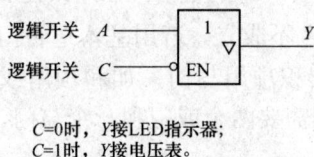

C=0时，Y接LED指示器；
C=1时，Y接电压表。

图 2-3-10　三态门逻辑功能测试电路

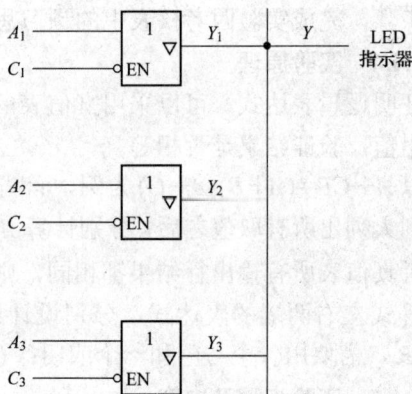

图 2-3-11　三态门总线操作

（2）用三态门实现分时传送时，不能同时有两个或两个以上三态门的控制端处于使能状态。

2.3.7 实验思考题

（1）"OC"门外接负载电阻 R_L 的选择原则是什么？

（2）三态门和"OC"门都可以形成总线，它们之间的差异是什么？

2.3.8　实验报告要求

（1）叙述"OC"门、"三态"门的特性及应用的实验目的、实验仪器及设备、实验原理、实验内容和步骤（实验报告）。

（2）整理考核表中的实验数据，分析原因，完成实验总结。

（3）将实验报告与考核表装订起来上交指导教师。

2.4　实验四　用基本逻辑门实现逻辑函数及证明逻辑代数

2.4.1　实验目的

（1）掌握"与非"门、"与或"门、"或非"门及"或与"门电路实现逻辑函数。

（2）学会用逻辑电路证明定理，用逻辑电路证明摩根定理及分配律。

2.4.2　实验仪器及设备

实验仪器及设备见表 2-4-1。

表 2-4-1　　　　　　　　　　　　实 验 仪 器 及 设 备

序号	名称	数量	序号	名称	数量
1	直流稳压电源	1	5	74LS02	1
2	数字实验仪	1	6	74LS04	1
3	万用表	1	7	74LS08	1
4	74LS00	1	8	74LS32	1

2.4.3　实验预习要求

（1）复习 TTL 门的逻辑功能；复习摩根定理及分配律。

（2）阅读实验教程，了解认识本实验的实验目的、实验仪器及设备、实验原理、实验内容及步骤，完成实验四考核表中的预习思考题。

2.4.4　实验原理

证明逻辑表达式，可以采用真值表的方法。即将等式左右两端的真值表画出来，分别计算输出值，验证结果是否相等。

以 $A+CB=(A+B)(A+C)$ 为例，首先分析等式中有几个变量，然后确定真值表有几行，从小到大列出所有取值之后，分别计算 $A+CB$ 与 $(A+B)(A+C)$ 的值，验证结果是否相等。如果二者真值表所有输出行结果都相同，则等式成立，反之不成立。若用基本逻辑门实现，即根据等式左右两端的表达式，分别设计逻辑电路图，乘积项用与门，加和项用或门。比如 $A+CB$，需要用一个与门和一个或门；$(A+B)(A+C)$ 则需要两个或门和一个与门。

2.4.5　实验步骤及内容

1. 用逻辑电路证明分配律

$$A+BC=(A+B)(A+C)$$
$$A(B+C)=AB+AC$$

（1）按图 2-4-1 连接实验电路，输入端 A、B、C 接逻辑开关，输出端 F1、F2 接 LED 指示器。

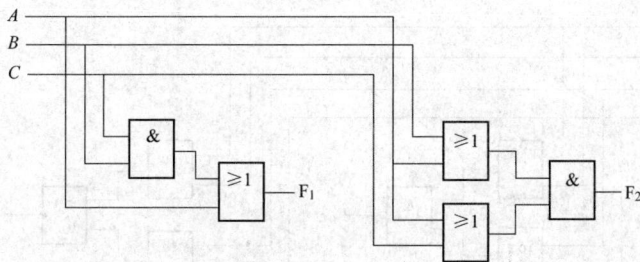

图 2-4-1　实验电路

（2）将输入端 A、B、C 按实验四考核表中的状态输入，分别测输出 F_1、F_2 的状态，并记录结果。

（3）自行设计电路，证明逻辑表达式

$$A(B+C)=AB+AC$$

将设计的电路图画在实验四考核表中。

2．用逻辑电路证明摩根定律

$$\overline{A \cdot B}=\overline{A}+\overline{B}$$

$$\overline{A+B}=\overline{A} \cdot \overline{B}$$

（1）按图 2-4-2 连接实验电路。

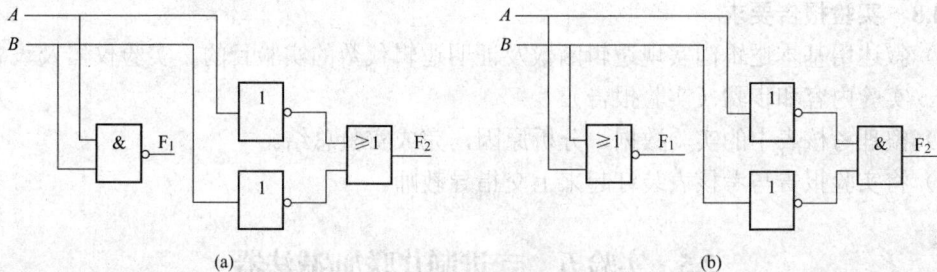

图 2-4-2　实验电路

（a）$\overline{A \cdot B}=\overline{A}+\overline{B}$ 逻辑电路图；（b）$\overline{A+B}=\overline{A} \cdot \overline{B}$ 逻辑电路图

（2）自拟实验步骤并画出记录表格，将测试结果记录在实验四考核表中。

3．证明逻辑函数

$$\overline{\overline{AB} \cdot \overline{CD}}=AB+CD$$

采用 74LS02 四 2 输入正或非门，74LS04 六反相器、74LS08 四 2 输入正与门及 74LS32 四 2 输入正或门。

（1）按图 2-4-3 连接实验电路。输入端 A、B、C、D 接逻辑开关，输出端 F_1、F_2 接 LED 指示器。

（2）按实验四考核表中的状态进行输入，将输出 F_1、F_2 的状态填入表中。

4．自行设计电路

用两级"或非"门和两级"或与"门证明逻辑函数表达式

$$\overline{A+B+\overline{C+D}}=(A+B)(C+D)$$

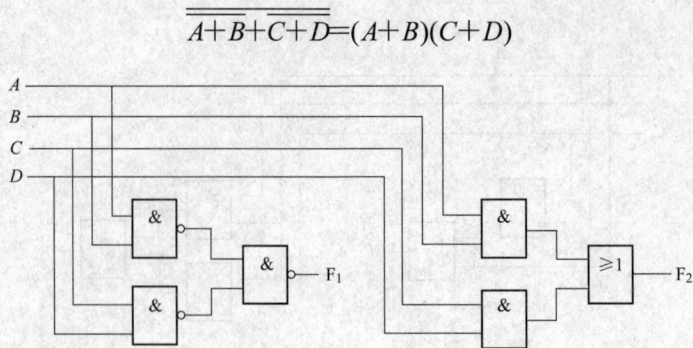

图 2-4-3　实验电路

2.4.6　实验注意事项

（1）搭接电路时，应遵循正确的布线原则和操作步骤。即要按照先接线后通电，做完后先断电再拆线的步骤。

（2）仔细观察实验现象，完整准确地记录实验数据并与理论值进行比较分析。

2.4.7　实验思考题

（1）试说明能否将与非门、或非门、异或门当成反相器使用？如果可以，各输入端应如何连接？

（2）什么是正逻辑？什么是负逻辑？

（3）逻辑代数基本的证明方法有几种？

2.4.8　实验报告要求

（1）叙述用基本逻辑门实现逻辑函数及证明逻辑代数的实验目的、实验仪器及设备、实验原理、实验内容和步骤（实验报告）。

（2）整理考核表中的实验数据，分析原因，完成实验总结。

（3）将实验报告与考核表装订起来上交指导教师。

2.5　实验五　二进制并联加/减法器

2.5.1　实验目的

（1）验证四位二进制并联加法器 74LS283 的逻辑功能。

（2）用二进制并联加法器 74LS283 和"异或"门 74LS86 实现二进制并联加/减法器。

2.5.2　实验仪器及设备

实验仪器及设备见表 2-5-1。

表 2-5-1　　　　　　　　　　　　　实 验 仪 器 及 设 备

序号	名　　　称	数量	序号	名　　　称	数量
1	直流稳压电源	1	5	74LS283	1
2	数字实验仪	1	6	74LS08	1
3	万用表	1	7	74LS32	1
4	74LS86	1			

2.5.3　实验预习要求

（1）复习加法器的逻辑功能，熟悉 74LS283 的逻辑功能及使用方法。

（2）阅读实验教程，了解认识本实验的实验目的、实验仪器及设备、实验原理、实验内容及步骤，完成实验五考核表中的预习思考题。

2.5.4　实验原理

对于减法器的构成，可以表示为

$$A-B=A+(-B)$$

如何将 $-B$ 变为一个芯片能够接受的数值，这就需要引入一个新概念"补码"。

补码可定义为

$$[X]_{\text{补}}=\overline{X}+1，X<0$$

即当 X 为小于零的数时，X 的补码就等于 X 的反码（即 0 变为 1，1 变为 0），然后加 1。符号位除外。

例如：

$$X=-1010$$
$$\overline{X}=0101 \quad \text{（符号位除外）}$$
$$[X]_{\text{补}}=\overline{X}+1=0101+1=0110$$

补码还可定义为

$$[X]_{\text{补}}=2^n+X，X<0$$

即当 $X<0$ 时，X 的补码就等于 2^n 加上 X。

例如：

$$X=-1010$$
$$[X]_{\text{补}}=2^n+X=2^4+(-1010)=10000-1010=0110$$

这样我们利用补码就可以把负数化为正数，使减法转换为加法，从而使正负数的加减运算变成加法运算。

对于 $A-B$，可以表示为补码运算式：

$$A+(-B)=A+\overline{B}+1$$

B 的反码可以用异或门来实现，即 $\overline{B}=B\oplus1$，这样 "A" 可以直接输入到一组四位二进制的输入端，"1" 可以直接由最低位进位端输入高电平 1，从而实现了把减法变成加法。

例如：

A：1100，B：0110

则

$$A-B=A+(-B)=A+\overline{B}+1$$
$$A=1100，\overline{B}=1001，\overline{B}+1=1010$$

减法器输出为

```
      1  1  0  0
 +)   1  0  1  0
 ─────────────────
(1)   0  1  1  0
 C₄   S₃ S₂ S₁ S₀
```

$C_4 \quad S_3 \quad S_2 \quad S_1 \quad S_0$

进位自动丢失，因为

$$\overline{B}+1=2^n-B$$
$$A+\overline{B}+1=2^n+(A-B)$$

当 $A>B$ 时，答案 $A-B$ 为正，进位（2^n）自动丢失。

如果被减数 A 小于减数 B，差值是以补码表示的负数。

例如：

A：0011，B：1010

则

$$A-B=A+\overline{B}+1$$

减法器输出为

```
     0   0   1   1
+)   0   1   1   0
     1   0   0   1
    S₃  S₂  S₁  S₀
```

$$\begin{array}{ccccc} & 0 & 0 & 1 & 1 \\ +) & 0 & 1 & 1 & 0 \\ \hline & 1 & 0 & 0 & 1 \\ & S_3 & S_2 & S_1 & S_0 \end{array}$$

没有进位输出，表示 $A<B$，即 $2^n+(A-B)<2^n$，答案是以补码表示的负数，若再求一次补码并加上负号，即可得以符号-大小形式表示的差值。上例中的差值为 $-(0111)$。

2.5.5　实验步骤及内容

中规模集成电路 74LS283 是 4 位二进制全加器，用来实现 4 位二进制并联加法运算，74LS283 的管脚排列见附表。

1. 验证 74LS283 逻辑功能

（1）熟悉 74LS283 管脚排列及逻辑功能。

（2）按图 2-5-1 连接实验电路。

（3）将开关 SW1～SW9 全部置成 0 状态，观察并记录输出端 LED 指示器显示结果。

（4）将开关 SW1～SW4 表示为被加数，SW5～SW8 表示为加数，SW9 表示为低位进位，按实验五考核表给定的加数和被加数进行输入，观察输出结果，依次记入表格中。

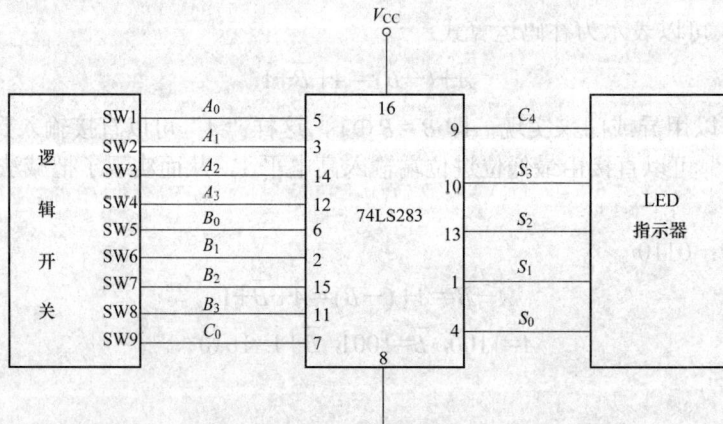

图 2-5-1　74LS283 功能验证

2. 四位二进制并联加/减法器实验

用集成电路 4 位二进制并联加法器 74LS283 和 4 "异或" 门 74LS86 实现，逻辑电路图如

图 2-5-2 所示。

（1）将 C_0 置成"0"状态，按实验五考核表给定数据送数，并将结果记入表中的第三栏，证明完成了什么操作。

（2）将 C_0 置成"1"状态，按实验五考核表给定数据送数，并将结果记入表中的第四栏，证明完成了什么操作。

3. 用两片 74LS283 和必要的门电路实现一个 BCD 码的加法器测试

（1）拟订测试表格。

（2）按设计好的逻辑电路连接实验电路。

（3）将输入变量接逻辑开关，输出端接 LED 指示器。

（4）按拟订表格进行测试，将输出结果记录到表格中。

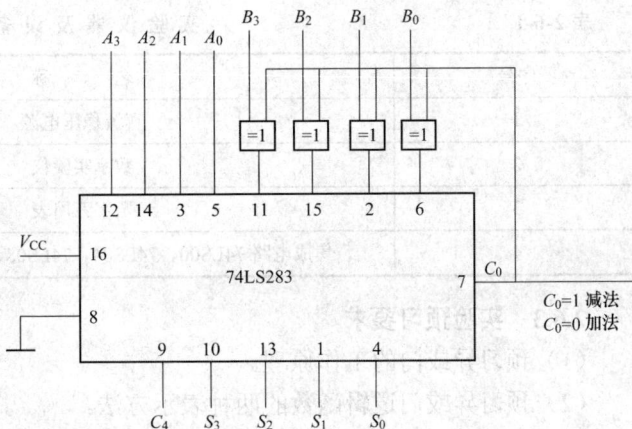

图 2-5-2　二进制并联减法器

2.5.6　实验注意事项

（1）连线应避免过长，避免从集成器件上方跨接，避免过多的重叠交错，以利于布线、更换元器件及故障检查和排除。

（2）布线时，最好采用各种色线以区别不同用途。例如，电源线用红色，地线用黑色。

2.5.7　实验思考题

（1）在并联加/减法中，"异或"门的作用是什么？C_0 端为 0 或 1 时，经"异或"门后输入数据 B 如何变化？

（2）在做减法运算时，显示进位输出指示灯什么时候亮，什么时候灭，为什么？

（3）写出用两片 74LS283 和必要的门电路设计 BCD 码加法器的全过程，并画出逻辑电路。

2.5.8　实验报告要求

（1）叙述二进制并联加/减法器的实验目的、实验仪器及设备、实验原理、实验内容和步骤（实验报告）。

（2）整理考核表中的实验数据，分析原因，完成实验总结。

（3）将实验报告与考核表装订起来上交指导教师。

2.6　实验六　异或门电路

2.6.1　实验目的

（1）掌握用真值表写出逻辑函数式的方法，通过逻辑函数式画出实现该函数功能的电路图。

（2）学会用与门、或门、非门及或非门设计异或门。

（3）用逻辑门构成半加器，证明逻辑功能。

（4）用逻辑门构成全加器，证明逻辑功能。

2.6.2　实验仪器及设备

实验仪器及设备见表 2-6-1。

表 2-6-1   实 验 仪 器 及 设 备

序号	名　称	数量
1	直流稳压电源	1
2	数字实验仪	1
3	数字万用表	1
4	集成电路 74LS00、74LS04、74LS08、74LS32、74LS86	各 1 片

2.6.3　实验预习要求

（1）预习异或门的工作原理。

（2）预习异或门逻辑函数的两种表示方法。

（3）复习半加器及全加器。

2.6.4　实验原理

1. 异或运算

异或运算是只有两个输入变量的逻辑运算。当输入变量 A、B 取值不同时，输出 Y 为 1；而当两个输入变量 A、B 取值相同时，输出 Y 则为 0。异或运算主要用以判断两个输入变量取值是否不同。

异或运算的逻辑表达式如下：

$$Y=\overline{A}B+A\overline{B}=A \oplus B$$

2. 半加器

只考虑本位两个二进制数相加，而不考虑来自低位进位数相加的运算电路称为半加器。当两个 1 位二进制数相加时，其运算式如下：

0＋0＝0　　　进位数为 0，本位和为 0；

0＋1＝1　　　进位数为 0，本位和为 1；

1＋0＝1　　　进位数为 0，本位和为 1；

1＋1＝10　　　进位数为 1，本位和为 0。

由上述运算式可以看出：半加器只有两个 1 位二进制数相加，没有来自低位的进位数进行相加。相加的结果有两个，一个是本位和，另一个是进位数。因此，半加器有两个输入端和两个输出端。

3. 全加器

将两个多位二进制数相加时，除考虑本位两个二进制数相加外，还应考虑相邻低位来的进位数相加的运算电路，称为全加器。

当两个 4 位二进制数 $A=1011$ 和 $B=0111$ 相加时，其运算式如下：

```
  第 第 第 第
  4 3 2 1
  位 位 位 位
  1 0 1 1  …A
  0 1 1 1  …B
+ 1 1 1    …来自低位的进位数C
─────────
1 0 0 1 1  …本位和数S
```

由上述加法运算式可以看出：从第 2 位开始进行的加法运算，除考虑本位两个二进制数相加外，还考虑了来自低位的进位数相加。相加的结果有两个：一个是本位和，另一个是进位数。因此，全加器有三个输入端，两个输出端。

2.6.5 实验步骤及内容

1. 用与-或-非门组成异或门

（1）使用 74LS04、74LS08、74LS32 这三种集成电路。

（2）按图 2-6-1 连接电路，并写出异或门最小项的逻辑函数。将输入端 A、B 接逻辑开关，输入端 Y_1 接 LED 指示器。

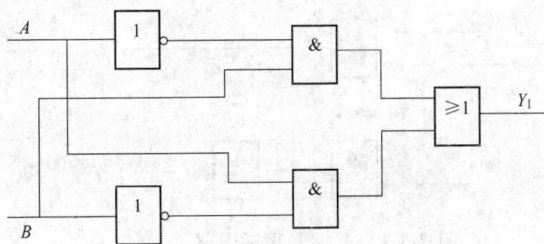

图 2-6-1 与-或-非门组成异或门

（3）记录实验数据，填写在实验六考核表中。

（4）按图 2-6-2 连接电路，并写出异或门最大项的逻辑函数。将输入端 A、B 接逻辑开关，输出 Y_2 接 LED 指示器。

（5）记录实验数据，填写在实验六考核表中。

2. 自行设计异或门

（1）用反相器和与非门自行设计一个异或门。

1）写出异或门最小项逻辑表达式。

2）按逻辑表达式画出用反相器和与非门组成的异或门电路。

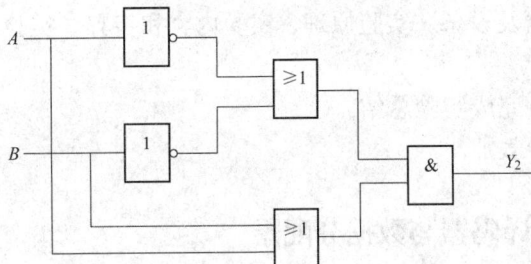

图 2-6-2 与-或-非门组成异或门

3）记录实验数据，填写在实验六考核表中，并按真值表验证逻辑功能。

（2）用反相器和或非门自行设计一个异或门。

1）写出异或门最大项逻辑表达式。

2）按逻辑表达式画出用反相器和或非门组成的异或门电路。

3）记录实验数据，填写在实验六考核表中，并按真值表验证逻辑功能。

3. 异或门的应用

采用 74LS86 四 2 输入异或门集成电路，其外引线功能见附录。

（1）用异或门和与非门组成半加器。

1）按图 2-6-3 连接实验电路。

2）将 *A*、*B* 输入端接逻辑开关，输出端 S、C 接 LED 指示器。

3）记录实验数据，填写在实验六考核表中。

（2）用异或门、或门和与门组成全加器。

1）按图 2-6-4 连接实验电路。

2）将输入端 A、B、C 接逻辑开关，输出端 S、Co 接 LED 指示器。

3）测试全加器的逻辑功能，记录实验数据，填写在实验六考核表中。

2.6.6 实验注意事项

在实验时，当输入端需改接连线时，不得在通电情况下进行操作，均需先切断电源改接连线完成后，再通电进行实验。

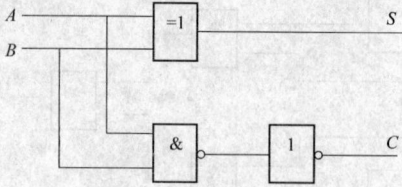

图 2-6-3 半加器测试电路

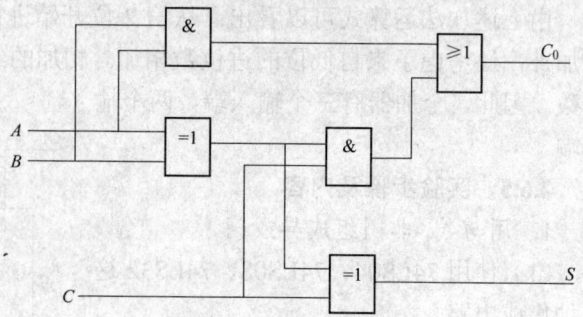

图 2-6-4 全加器测试电路

2.6.7 实验思考题

（1）逻辑函数中最大项和最小项的关系。

（2）为什么说"异或"门是可控制的反相器，输入信号与输出信号的关系是什么？

2.6.8 实验报告要求

（1）叙述异或门电路的实验目的、实验仪器及设备、实验原理、实验内容和步骤（实验报告）。

（2）整理考核表中的实验数据，分析原因，完成实验总结。

（3）将实验报告与考核表装订起来上交指导教师。

2.7 实验七 编码器、译码器与数据分配器

2.7.1 实验目的

（1）验证编码器、译码器的逻辑功能。

（2）掌握用译码器实现逻辑函数。

（3）掌握用译码器实现分配器的方法。

（4）设计编码器及译码器。

2.7.2 实验仪器及设备

实验仪器及设备见表 2-7-1。

表 2-7-1 实 验 仪 器 及 设 备

序号	名 称	数量
1	直流稳压电源	1
2	数字实验仪	1
3	万用表	1
4	集成电路 74LS00、74LS04、74LS20、74LS138、74LS147	各 1 片

2.7.3 实验预习要求

（1）预习编码器、译码器的工作原理及设计方法，用与非门设计一个 2 线-4 线译码器，并满足表 2-7-3 的功能。

（2）复习译码器实现组合逻辑函数的方法。

（3）弄清编码器、译码器及数据分配器的逻辑功能及区别。

（4）用 3-8 译码器设计实现函数 $Y=AB\overline{C}+\overline{A}B\overline{C}+\overline{A}\overline{B}C+A\overline{B}\overline{C}+ABC$ 的电路。

2.7.4　实验原理

1．编码器

在二值逻辑电路中，信号都是以高、低电平的形式给出的。编码器的逻辑功能就是把输入的每一个高、低电平编成一个对应的二进制代码。目前常使用的编码器有普通编码器和优先编码器两类。

（1）普通编码器。在普通编码器中，任何时刻只允许输入一个编码信号，否则，输出将发生混乱。常用的是二进制编码器。二进制编码器是用 n 位二进制代码对 2^n 个信号进行编码的电路。

（2）优先编码器。在优先编码器电路中，允许同时输入两个以上编码信号，每个输入端有不同的优先权，当两个以上的输入端同时输入有效电平时，输出的总是其中优先权最高的输入端的编码。至于优先级别的高低，则是根据设计要求来决定的。

2．译码器

译码器是一个多输入、多输出的组合逻辑电路。它的逻辑功能是将每个输入的二进制代码译成对应的输出高、低电平信号，使输出通道中相应的一路有信号输出。实现译码功能的组合逻辑电路称为译码器。译码是编码的反操作。常用的译码器电路有二进制译码器、二-十进制译码器和显示译码器。

（1）二进制译码器。二进制译码器的输入是一组二进制代码，输出是一组与输入代码一一对应的高、低电平信号。一个有 n 个输入端的二进制译码器，对应有 2^n 个输出端。对应每一组输入代码，只有其中一个输出端为有效电平，其余输出端则为非有效电平。

（2）二-十进制译码器。二-十进制译码器的逻辑功能是将输入的 BCD 码的 10 个代码译成 10 个高、低电平输出信号。这种译码器有 4 个输入端、10 个输出端。

（3）显示译码器。显示译码器是将 BCD 代码译成数码管所需的驱动信号，以便使数码管用十进制数字显示出 BCD 代码所表示的数值。

3．数据分配器

数据分配器的逻辑功能是将 1 路输入数据，根据其不同的地址分配到不同的通道上去。若将 3 线-8 线译码器 74LS138 的代码输入作为地址输入，控制端之一作为数据输入端，则就可以构成一个数据分配器。

2.7.5　实验步骤及内容

1．编码器逻辑功能测试

采用 74LS147 是 10 线十进制-4 线 BCD 优先编码器，其管脚排列见附表。它的特点是将 10 线输入的十进制码变成 4 线输出的 8421BCD 码,高位优先编码,反码输出,即输出为 1010,实际为 0101。

（1）熟悉 74LS147 管脚排列，引脚排列见附图 B-14。

（2）按图 2-7-1 连接实验电路。

（3）记录 LED 指示器的结果，证明 74LS147 的逻辑功能，记录实验数据，填写在实验七考核表中。

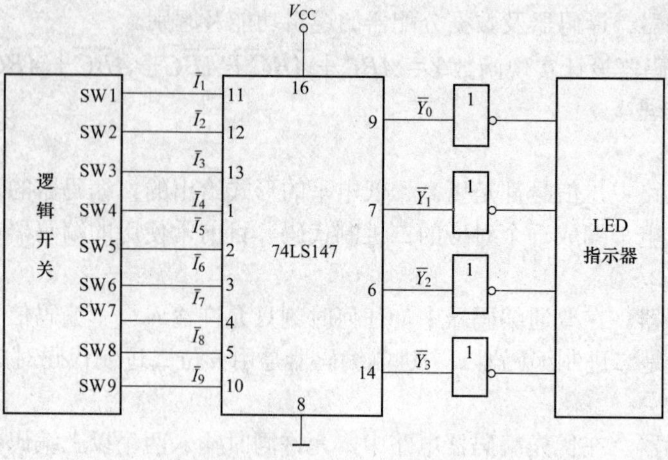

图 2-7-1　74LS147 功能验证

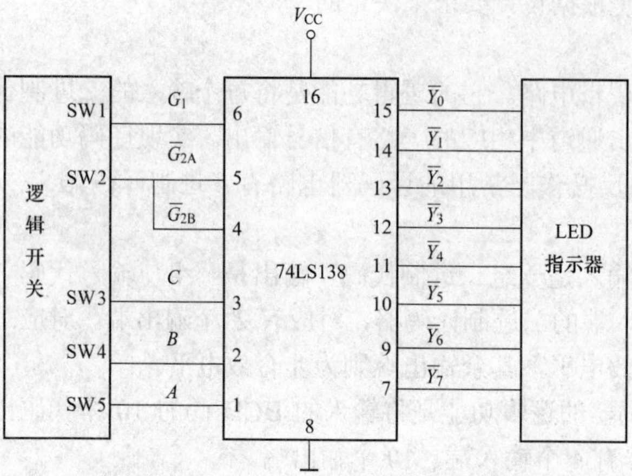

图 2-7-2　74LS138 逻辑功能验证电路

2. 译码器逻辑功能测试

（1）2 线-4 线译码器逻辑功能测试

按照自行设计的 2 线-4 线译码器逻辑电路图连接实验线路，记录实验数据，填写在实验七考核表中。

（2）3 线-8 线译码器逻辑功能测试

采用 74LS138 集成电路，其管脚排列见附图 B-13。

1）熟悉 74LS138 管脚排列图。

2）按图 2-7-2 连接实验线路。

3）按表 2-7-2 进行操作，证明 74LS138 的逻辑功能。

表 2-7-2　　　　　　　　　　　　　　3 线-8 线译码器真值表

输入端					输出端							
允许		选择										
G_1	$\bar{G}_2$	C	B	A	$\bar{Y}_0$	$\bar{Y}_1$	$\bar{Y}_2$	$\bar{Y}_3$	$\bar{Y}_4$	$\bar{Y}_5$	$\bar{Y}_6$	$\bar{Y}_7$
×	1	×	×	×	1	1	1	1	1	1	1	1
0	×	×	×	×	1	1	1	1	1	1	1	1
1	0	0	0	0	0	1	1	1	1	1	1	1
1	0	0	0	1	1	0	1	1	1	1	1	1
1	0	0	1	0	1	1	0	1	1	1	1	1
1	0	0	1	1	1	1	1	0	1	1	1	1
1	0	1	0	0	1	1	1	1	0	1	1	1
1	0	1	0	1	1	1	1	1	1	0	1	1
1	0	1	1	0	1	1	1	1	1	1	0	1
1	0	1	1	1	1	1	1	1	1	1	1	0

3. 用译码器实现逻辑函数

（1）用 3 线-8 线译码器 74LS138 和二 4 输入与非门 74LS20 实现全加的功能。

1）按图 2-7-3 连接实验电路。

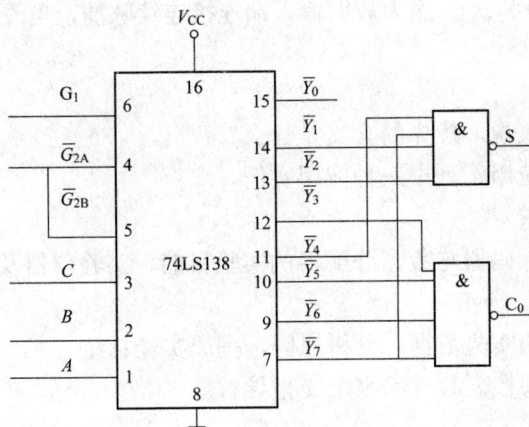

图 2-7-3　译码器实现全加器

2）译码器的选择输入 A、B、C 作为全加器的三个变量，接逻辑开关；允许输入 G_1 置高电平，$\overline{G_2}$ 置低电平。全加器输出端 S、C_0 接 LED 指示器。

3）记录实验数据，填写在实验七考核表中。

（2）用 3 线-8 线译码器 74LS138 实现函数：

$$Y=ABC+\overline{A}B\overline{C}+\overline{A}\overline{B}C+A\overline{B}\overline{C}+AB\overline{C}$$

1）按自行设计的逻辑电路连接成实验电路。

2）按拟订的实验步骤进行操作。

3）记录实验数据，填写在实验六考核表中。

4. 用 3 线-8 线译码器构成数据分配器

（1）按图 2-7-4 连接实验电路。

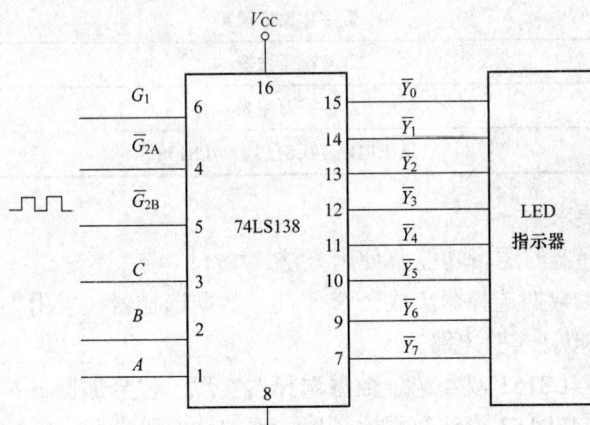

图 2-7-4　3 线-8 线译码器构成数据分配器

（2）将地址输入 A、B、C、G_1、$\overline{G}_{2A}$ 均接逻辑开关，数据输入端 $\overline{G}_{2B}$ 接连续脉冲（最低

频率），数据输出端 $\overline{Y_0} \sim \overline{Y_7}$ 接 LED 指示器。

（3）将允许输入端的电平置于允许状态，改变地址输入 C、B、A（000～111）状态，记录实验数据，填写在实验七考核表中。

（4）将 $\overline{G}_{2B}$ 接逻辑开关，G_1 作为数据输入端连接连续脉冲，当改变地址输入 C、B、A 状态时，会是什么情况？

2.7.6　实验思考题

（1）对优先编码器来说，优先的含义是什么？

（2）译码器有哪些应用？列举三种应用实例。

2.7.7　实验报告要求

（1）叙述编码器、译码器与数据分配器的实验目的、实验仪器及设备、实验原理、实验内容和步骤（实验报告）。

（2）整理考核表中的实验数据，分析原因，完成实验总结。

（3）将实验报告与考核表装订起来上交指导教师。

2.8　实验八　数据选择器及其使用

2.8.1　实验目的

（1）验证集成电路数据选择器的逻辑功能。

（2）掌握用数据选择器实现逻辑函数的方法。

（3）学会应用数据选择器。

2.8.2　实验仪器及设备

实验仪器及设备见表 2-8-1。

表 2-8-1　　　　　　　　　　　实 验 仪 器 及 设 备

序号	名　　　称	数量
1	直流稳压电源	1
2	数字电路实验箱	1
3	双踪示波器	1
4	数字万用表	1
5	集成电路 74LS153、74LS138	2

2.8.3　实验预习要求

（1）熟悉数据选择器的逻辑功能及使用方法。

（2）用两个 4 选 1 数据选择器组成一个 8 选一数据选择器（采用集成电路 74LS153 双 4 选 1 数据选择器），并拟订实验电路。

（3）用集成电路 74LS153 双 4 选一数据选择器实现一位全加器，并拟订实验电路。

（4）用集成电路 74LS153 设计数据比较器，并拟订实验电路。

2.8.4　实验原理

数据选择器又称多路开关，其功能与数据分配器恰好相反，它是从输入的多路数据中选择其中一路输出，通常用地址信号完成数据输出，如 4 选 1 的数据选择器需要有 2 位地址信号输入端，它共有 4 种组合，8 选 1 的数据选择器应有 3 位地址信号输入端。

4 选 1 数据选择器有 4 个数据输入端，1 个输出端。数据输入端用 D_0、D_1、D_2、D_3 表示，地址输入端分别用 A_0、A_1 表示，控制端用 $\overline{ST}$ 表示。当 $\overline{ST}=0$，数据选择器工作；当 $\overline{ST}=1$，数据选择器不工作，逻辑函数式如下：

$$Y=\left(\overline{A_1}\,\overline{A_0}D_0+\overline{A_1}A_0D_1+A_1\overline{A_0}D_2+A_1A_0D_3\right)\overline{\overline{ST}}$$

8 选 1 数据选择器有 8 个数据输入端，2 个输出端。数据输入端用 $D_0\sim D_7$ 表示，地址输入端分别用 A_0、A_1、A_2 表示，控制端用 $\overline{ST}$ 表示。当 $\overline{ST}=0$，数据选择器工作；当 $\overline{ST}=1$，数据选择器不工作，逻辑函数式如下：

$$Y=\left(\overline{A_2}\,\overline{A_1}\,\overline{A_0}D_0+\overline{A_2}\,\overline{A_1}A_0D_1+\overline{A_2}A_1\overline{A_0}D_2+\overline{A_2}A_1A_0D_3\right.$$
$$\left.+A_2\overline{A_1}\,\overline{A_0}D_4+A_2\overline{A_1}A_0D_5+A_2A_1\overline{A_0}D_6+A_2A_1A_0D_7\right)\overline{\overline{ST}}$$

2.8.5　实验步骤及内容

1. 4 选 1 数据选择器逻辑功能测试

采用 74LS153 双 4 选 1 数据选择器，每个集成电路内集成两个 4 选 1 数据选择器。

（1）熟悉 74LS153 管脚排列，内容详见附表。

（2）将选通输入端输入 G，选择输入 A、B，数据输入 D_0、D_1、D_2、D_3 均接逻辑开关，输出 Y 接 LED 显示器，按表 2-8-2 验证逻辑功能。

表 2-8-2　　　　　　　　　74LS153 双四选一数据选择器真值表

选通	选择输入		数据输入				输出
G	B	A	D_0	D_1	D_2	D_3	Y
1	×	×	×	×	×	×	0
0	0	0	0 1	× ×	× ×	× ×	0 1
	0	1	× ×	0 1	× ×	× ×	0 1
	1	0	× ×	× ×	0 1	× ×	0 1
	1	1	× ×	× ×	× ×	0 1	0 1

2. 数据选择器的扩展

采用 74LS153 双 4 选 1 数据选择器，将双 4 选 1 数据选择器扩展为 8 选 1 数据选择器。

（1）按已拟订实验电路连接。

（2）按表 2-8-3 验证逻辑功能。

3. 数据选择器实现全加器功能的测试。

（1）按拟订实验电路将双 4 选 1 数据选择器接成一位全加器。

（2）按附录实验八考核表中"数据选择器实现全加器"来验证逻辑功能，记录实验数据，填写在实验八考核表中。

表 2-8-3   **74LS153 双四选一数据选择器扩展八选一数据选择器真值表**

C	B	A	Y
0	0	0	$1D_0$
0	0	1	$1D_1$
0	1	0	$1D_2$
0	1	1	$1D_3$
1	0	0	$2D_0$
1	0	1	$2D_1$
1	1	0	$2D_2$
1	1	1	$2D_3$

4. 实现 8 路数据传输系统

采用 8 选 1 数据选择器 74LS151 和 3 线-8 线译码器 74LS138 构成 8 路数据传输系统。

（1）熟悉 74LS151 管脚排列，内容详见附图 B-15。

（2）按图 2-8-1 连接实验电路。

（3）当 74LS151 的并行输入端 $D_7 \sim D_0$ 输入的信号为 10011011（高位在前），数据开关控制地址选择信号逐次递增，观察 74LS138 输出端的信号，记录实验数据，填写在实验八考核表中。

（4）将低频脉冲信号分别接到 74LS151 的 $D_0 \sim D_7$ 端，改变地址选择信号，观察 74LS138 输出端。

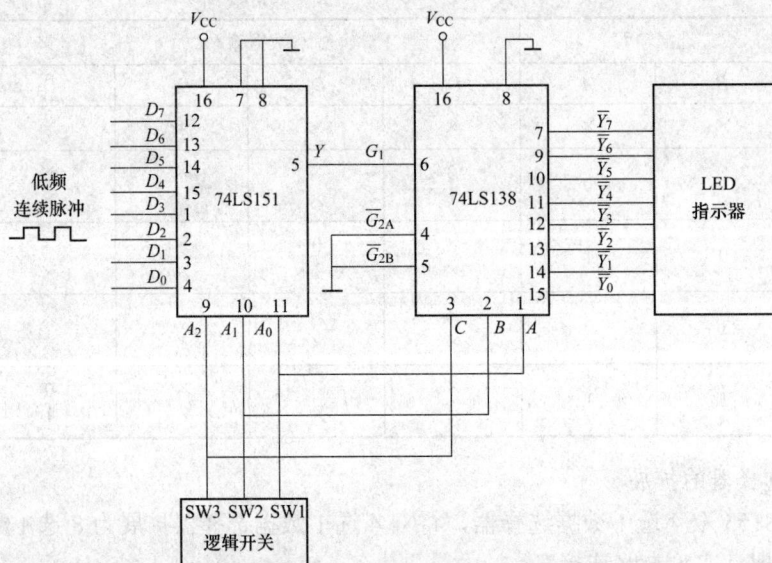

图 2-8-1   8 路传输系统

5. 数据选择器实现数据比较器的测试

（1）按设计的电路将 74LS153 接成数据比较器。

（2）拟订测试表格，记录实验数据，填写在实验八考核表中。

2.8.6　思考并回答下列问题

（1）为什么用数据选择器能实现逻辑函数？

（2）试写出 74LS153 电路输出 Y 的逻辑函数式。

（3）如果在图 2-8-1 中 74LS151 和 74LS138 之间加 1 个倒相器，输出数据与输入数据之间的关系有无变化？

（4）如图 2-8-1 中 74LS153 替换成 74LS151，应该怎样连接能实现 8 路传输系统？画出电路图。

2.8.7　实验报告要求

（1）叙述数据选择器及其应用的实验目的、实验仪器及设备、实验原理、实验内容和步骤（实验报告）。

（2）整理考核表中的实验数据，分析原因，完成实验总结。

（3）将实验报告与考核表装订起来上交指导教师。

2.9　实验九　组合逻辑电路的设计

2.9.1　实验目的

（1）掌握组合逻辑电路的设计与实验方法。

（2）了解组合逻辑电路的竞争冒险现象，并探讨解决方法。

2.9.2　实验仪器及设备

实验仪器及设备见表 2-9-1。

表 2-9-1　　　　　　　　　　　　实 验 仪 器 及 设 备

序号	名　　　称	数量
1	直流稳压电源	1
2	数字实验仪	1
3	数字万用表	1
4	集成电路 74LS00、20、86、153、283、112、151、138	各 1 片

2.9.3　实验预习要求

（1）预习组合逻辑电路的设计方法、原则及一般步骤。

（2）用与非门 74LS00、20 设计一个三变量表决电路，设变量为 A、B、C，赞成者为 1，表决结果为 Y，正逻辑输出，即过半数输出为 1，其中，74LS20 内集成两个 4 输入端与非门，$Y=\overline{ABCD}$。

（3）用 4 选 1 数据选择器 74LS153 及反相器 74LS04 实现逻辑函数：

$$Y=A\overline{B}\overline{C}+\overline{A}\overline{C}+BC$$

（4）用 4 位二进制全加器 74LS283 设计一个将余 3 码转换成 BCD 代码的转换电路。

（5）用 3 线-8 线译码器 74LS138 及必要的门电路实现多输出函数：

$$Y_1 = ABC$$

$$Y_2 = \overline{A}\overline{B}C+A\overline{B}\overline{C}+BC$$

$$Y_3 = \overline{B}\,\overline{C} + AB\overline{C}$$

（6）用 8 选 1 数据选择器 74LS151 实现逻辑函数：

$$Y = \overline{A}CD + ABC + A\overline{B}\,\overline{C}D$$

（7）预习组合逻辑电路竞争冒险产生原因及消除方法。

2.9.4　实验原理

1. 组合逻辑电路的实现过程

首先将实际逻辑问题进行逻辑抽象——确定输入变量（即事件的起因）和输出变量（即事件的结果），然后对变量逻辑赋值后列出真值表，由真值表得到最小项表达式。若组合电路是由门电路构成，则应将最小项表达式化简为最简形式；若组合电路是由中规模集成电路构成，则应将最小项表达式变换为与所用集成电路的逻辑表达式相同或类似的形式。最后按表达式画出逻辑原理图和实验电路图。根据实验电路图安装电路，调试并验证电路功能，检查有无竞争冒险现象，若有则应予消除。

2. 竞争冒险的产生

任何一个门电路，只要有 2 个输入信号同时向相反的方向变化，其输出端就有可能产生干扰脉冲。以最简单的与非门电路为例，当输入端 A、B 取值 0、1 同时向 1、0 变化时，因为 A、B 信号不可能突变，且传输的时间不可能相同，如果 A 从 0 先升到关门电压 V_{OFF}，B 从 1 后下降到开门电压 V_{ON}，则输出端必然产生一个下跳干扰脉冲。

3. 判断竞争冒险的方法

（1）用卡诺图方法。一般在卡诺图中存在相切而不相连的包围圈的逻辑函数时，都有可能发生竞争冒险现象。

（2）用代数的方法。只要输出端的逻辑代数在一定条件下能够简化为 $Y = \overline{A}A$ 或 $Y = A + \overline{A}$ 的形式，则这个组合电路有可能存在竞争冒险。

（3）用实验方法。在电路的输入端加入所有可能发生的状态，观察输出端是否有尖峰脉冲出现。

2.9.5　实验步骤及内容

1. 表决电路测试

（1）按已设计好的逻辑电路图连接成实验电路。

（2）将变量 A、B、C 作为表决输入量，接逻辑开关，输出 Y 接 LED 指示器。

（3）记录实验数据，填写在实验九考核表中。

2. 用 74LS153 实现逻辑函数

$$Y = AB\overline{C} + \overline{A}C + BC$$

（1）按已设计好的逻辑电路图连接实验电路。

（2）将变量 A、B、C 接逻辑开关，输出 Y 接 LED 指示器。

（3）记录实验数据，填写在实验九考核表中。

3. 用 74LS283 实现将余 3 代码转换成 BCD 代码电路的测试

（1）拟订测试表格。

（2）按已设计好的逻辑电路连接好实验电路图。

（3）将输入变量接逻辑开关，输出端接 LED 指示器。

（4）按拟订表格进行测试，记录实验数据，填写在实验九考核表中。

4．用 74LS138 及必要的门电路实现多输出函数的电路测试

$$Y_1 = ABC$$

$$Y_2 = \overline{A}\overline{B}C + A\overline{B}\overline{C} + BC$$

$$Y_3 = \overline{B}\overline{C} + AB\overline{C}$$

（1）设计测试表格。

（2）按设计电路连接成实验电路。

（3）将输入变量接逻辑开关，输出端接 LED 指示器。

（4）按表格进行测试，记录实验数据，填写在实验九考核表中。

5．用 74LS151 实现函数

$$Y = \overline{A}CD + ABC + A\overline{B}\overline{C}D$$

（1）按设计电路连接成实验电路。

（2）按输入变量接逻辑开关，输出接 LED 指示器。

（3）按拟订表格进行测试，记录实验数据，填写在实验九考核表中。

6．竞争冒险观测与消除

按图 2-9-1 连接实验电路。B 接逻辑开关，A 接单次脉冲。其中触发器采用 74LS112JK 触发器。分析原理，记录实验现象，填写在实验九考核表中。

（1）冒险观测。将 B 端置"1"，当 A 由 0→1 时观测 Q 端状态是否变化。若 Q 的状态不变化，在 P_1 处接入一个反相门，并使 $B=0$ 重新观测。

（2）冒险消除。在图 2-9-1 中的 P_2 对地之间加一个滤波电容 C，重复上述实验，观测冒险是否被消除。

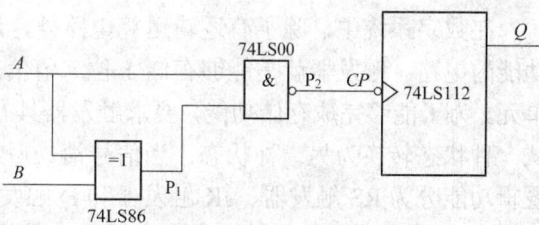

图 2-9-1　竞争冒险观测电路

2.9.6　思考并回答下列问题

（1）余 3 代码与 BCD 代码之间的关系？

（2）什么是竞争-冒险？当门电路的两个输入端同时向相反的逻辑状态转换时（即一个从 0 变成 1，另一个从 1 变成 0），输出端是否一定产生干扰脉冲？

2.9.7　实验报告要求

（1）叙述组合逻辑电路设计的实验目的、实验仪器及设备、实验原理、实验内容和步骤（实验报告）。

（2）整理考核表中的实验数据，分析原因，完成实验总结。

（3）将实验报告与考核表装订起来上交指导教师。

2.10　实验十　触　发　器

2.10.1　实验目的

（1）进一步掌握 JK、D 触发器的逻辑功能，熟悉集成触发器的使用方法。

（2）了解集成触发器时钟脉冲触发特性。

（3）了解触发器逻辑功能转换。

2.10.2 实验仪器及设备

实验仪器及设备见表 2-10-1。

表 2-10-1 实验仪器及设备

序号	名　　称	数量
1	直流稳压电源	1
2	数字电路实验箱	1
3	双踪示波器	1
4	数字万用表	1
5	集成电路 74LS112、74LS74、74LS00	3

2.10.3 实验预习要求

（1）熟悉 JK、D 触发器的工作原理和逻辑功能。

（2）复习触发器逻辑功能转换。

（3）用 D 触发器 74LS74 和与非门 74LS00 设计一个能实现 JK 触发器逻辑功能的电路。

2.10.4 实验原理

在数字系统中，除了有逻辑运算电路外，还有能保存运算的逻辑单元，这就需要有记忆功能的电路。触发器就是能够存储 1 位二值信息的基本单元，也是构成时序电路的基本逻辑单元。为了能够完成存储功能，要求触发器具有两个稳定状态 "0" 和 "1"；当有输入信号时，从一种状态转换为另一种状态；当信号消失后，能保持当前状态不变。触发器种类很多，按逻辑功能分为 RS 触发器、JK 触发器和 D 触发器。

RS 触发器是结构最简单的触发器，也是其他触发器的组成部分。它可以由与非门构成，也可由或非门构成。低电平有效的基本 RS 触发器，$\overline{R_D}$、$\overline{S_D}$ 是基本 RS 触发器的两个输入端，Q 及 $\overline{Q}$ 是两个输出端。$\overline{R_D}$ 端称为直接置 0 或直接复位端，$\overline{S_D}$ 端为直接置 1 端或直接置位端。$\overline{R_D}$ 和 $\overline{S_D}$ 信号是低电平有效。

主从型 JK 触发器它由两个可控 RS 触发器串联组成，分别称为主触发器和从触发器。时钟脉冲先使主触发器翻转，而后使从触发器翻转，这就是 "主从型" 的由来。此外，还有一个非门将两个触发器联系起来。J 和 K 是信号输入端，它们分别与 $\overline{Q}$ 和 Q 构成逻辑关系，称为触发器的 S 端和 R 端，即 $S=J\overline{Q}$，$R=KQ$。

D 触发器的结构类型有很多，除了主从型外，常用的还有边沿触发器。边沿触发器的次态仅取决于 CP 边沿（上升沿或下降沿）到达时刻输入信号的状态，而与此边沿时刻以前或以后的输入状态无关，因而可以提高它的可靠性和抗干扰能力。

2.10.5 实验步骤及内容

1. 触发器异步输入端功能测试

（1）将 JK 触发器、D 触发器的异步置位（置 1）端 S 和异步复位（置 0）端 R 分别连接逻辑开关，J、K、D 也接逻辑开关，CP 端为任意状态。

（2）记录实验数据，填写在实验十考核表中。

2．JK 触发器逻辑功能测试

（1）将触发器的 J、K 端分别连接逻辑开关，CP 端接单次脉冲。

（2）记录实验数据，填写在实验十考核表中。

3．D 触发器逻辑功能测试

（1）将触发器的 D 端连接逻辑开关，CP 端接单次脉冲。

（2）记录实验数据，填写在实验十考核表中。

4．JK 触发器构成 D 触发器逻辑功能转换测试

（1）按图 2-10-1 连接电路。

（2）将 D 输入端接逻辑开关、CP 端接单次脉冲，记录实验数据，填写在实验十考核表中。

5．JK 触发器构成 T 触发器逻辑功能转换测试

（1）按图 2-10-2 连接电路。

（2）将 T 输入端接逻辑开关、CP 端接单次脉冲，记录实验数据，填写在实验十考核表中。

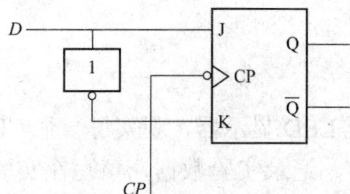

图 2-10-1　JK 触发器构成 D 触发器　　　　图 2-10-2　JK 触发器构成 T 触发器

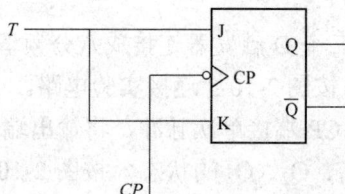

6．D 触发器逻辑功能的转换——D 触发器构成 JK 触发器

（1）按照自行设计电路图连接实验电路。

（2）将触发器的 J、K 端分别连接逻辑开关、CP 端接单次脉冲，记录实验数据，填写在实验十考核表中。

7．D 触发器逻辑功能的转换——D 触发器构成 T 触发器

（1）按照自行设计电路图连接实验电路。

（2）将触发器的 T 端连接逻辑开关、CP 端接单次脉冲，记录实验数据，填写在实验十考核表中。

8．三个 JK 触发器连接成八分频器

（1）按图 2-10-3 连接实验电路。

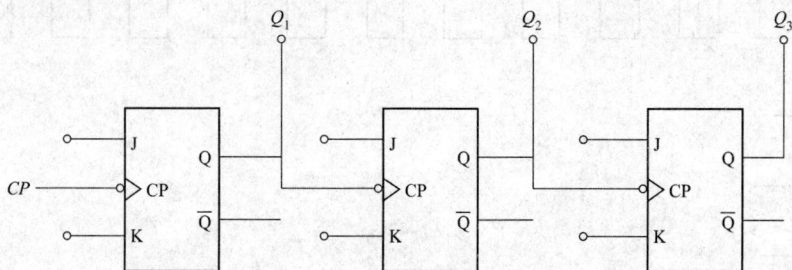

图 2-10-3　JK 触发器构成八分频器

（2）将触发器同步输入端 J、K 接高电平或者悬空，CP 端接单次脉冲，将输出端 Q_1、Q_2、Q_3 接至 LED 显示器，观察每一个 CP 脉冲作用时，Q_1、Q_2、Q_3 的状态，按图 2-10-4 画出分频波形，记录实验数据，填写在实验十考核表中。

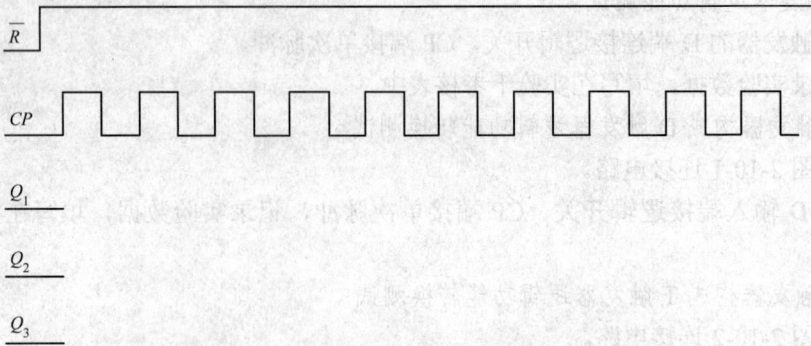

图 2-10-4　分频波形 I

9. 三个 D 触发器连接成八分频器

（1）按图 2-10-5 连接实验电路。

（2）CP 端接单次脉冲，将输出端 Q_1、Q_2、Q_3 接至 LED 显示器，观察每一个 CP 脉冲作用时，Q_1、Q_2、Q_3 的状态，按图 2-10-6 画出分频波形，记录实验数据，填写在实验十考核表中。

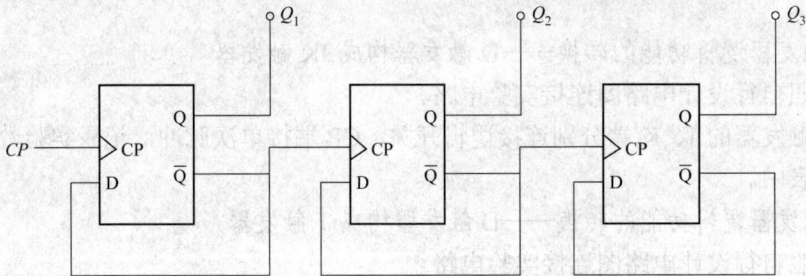

图 2-10-5　三个 D 触发器构成八分频器

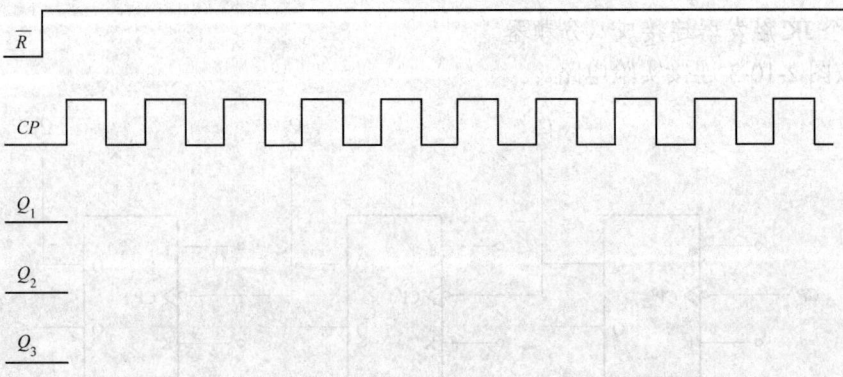

图 2-10-6　分频波形 II

10. D 触发器组成移位寄存器（右移）

图 2-10-7 所示为三个 D 触发器组成的 3 位右移移位寄存器。D_1 端作为数据输入端，Q_3 为串行输出，Q_1、Q_2、Q_3 为并行输出。

（1）按图 2-10-7 连接实验电路。

（2）将 D_1 端接逻辑开关，CP 端接单次脉冲，输出端 Q_1、Q_2、Q_3 接至 LED 显示器，观察 Q_1、Q_2、Q_3 的移位状态，按图 2-10-8 画出分频波形，记录实验数据，填写在实验十考核表中。

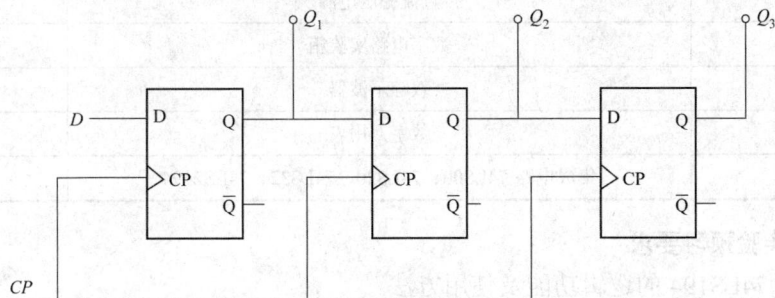

图 2-10-7　三个 D 触发器组成的 3 位右移移位寄存器

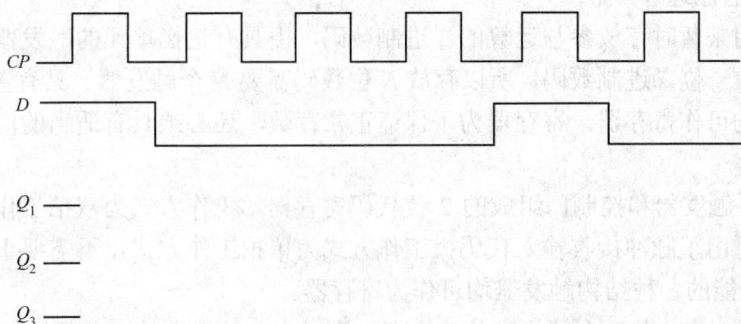

图 2-10-8　分频波形Ⅲ

2.10.6　思考并回答下列问题

（1）JK 触发器和 D 触发器都是边沿触发器，它们触发的特性有何不同？

（2）JK、D 触发器的异步输入端为何为低电平有效，当触发器正常工作时，R、S 应该置什么状态？体会约束条件 R·S＝0 的应用。

2.10.7　实验报告要求

（1）叙述触发器的实验目的、实验仪器及设备、实验原理、实验内容和步骤（实验报告）。

（2）整理考核表中的实验数据，分析原因，完成实验总结。

（3）将实验报告与考核表装订起来上交指导教师。

2.11　实验十一　移位寄存器及其应用

2.11.1　实验目的

（1）掌握移位寄存器的工作原理。

（2）验证双向移位寄存器 74LS194 的逻辑功能。

（3）熟悉二进制码的串并行转换及其传送工作方式。

2.11.2 实验仪器及设备

实验仪器及设备见表 2-11-1。

表 2-11-1　　　　　　　　　　　　　实 验 仪 器 及 设 备

序号	名　　　称	数量
1	直流稳压电源	1
2	数字电路实验箱	1
3	双踪示波器	1
4	数字万用表	1
5	集成电路 74LS00、74LS20、74LS32、74LS2194	4

2.11.3 实验预习要求

（1）熟悉 74LS194 的逻辑功能及使用方法。

（2）预习串并行转换的工作原理。

2.11.4 实验原理

寄存器是用来暂时存放参与运算的二进制数码，由具有记忆单元的触发器组成，由于每个触发器能存放一位二进制数码，所以存放 N 位数码需要 N 个触发器。具有置"1"、置"0"功能的触发器均可作寄存器。寄存器为了保证正常存数，还必须具有适当的门电路组成控制电路。

由基本 RS 触发器和控制门组成的 2 位代码寄存器，工作方式为双拍工作方式时，先由负脉冲清零，再由正脉冲接收输入代码；工作方式为单拍工作方式，不需要事先清零，凡具有置 0、置 1 功能的各种结构触发器均可作为寄存器。

74LS194 是一个 4 位双向通用移位寄存器，它具有左移、右移、并行输入数据、串行输入数据、保持及清除等功能。74LS194 的 $\overline{CR}$ 是清除端（低电平有效），当 $\overline{CR}=0$ 时，移位寄存器被清零。D_{SL} 是左移串行数据输入端，D_{SR} 是右移串行数据输入端，$D_0 \sim D_3$ 是并行数据输入端，M_0、M_1 表示工作方式控制端，Q_0、Q_1、Q_2、Q_3 为并行数据输出端。74LS194 的逻辑功能见表 2-11-2，引脚排列详见附表。

表 2-11-2　　　　　　　　　　　　　74LS194 功能表

工作方式	输　　入										输　　出			
	CR	M_1	M_0	CP	D_{SR}	D_{SL}	D_0	D_1	D_2	D_3	Q_0	Q_1	Q_2	Q_3
清除	0	×	×	×	×	×	×	×	×	×	0	0	0	0
保持	1	0	0	×	×	×	d_0	d_1	d_2	d_3	d_0	d_1	d_2	d_3
左移	1	1	0		×	0/1	d_0	d_1	d_2	d_3	d_1	d_2	d_3	0/1
右移	1	0	1		0/1	×	d_0	d_1	d_2	d_3	0/1	d_0	d_1	d_2
并行输入	1	1	1		×	×	d_0	d_1	d_2	d_3	d_0	d_1	d_2	d_3

2.11.5 实验步骤及内容

1. 验证双向移位寄存器 74LS194 的逻辑功能

（1）熟悉 74LS194 管脚排列。

（2）将清除端 $\overline{CR}$，串行输入端 D_{SL}、D_{SR} 及并行输入端 D_0、D_1、D_2、D_3 均接逻辑开关，CP 端接单次脉冲，输出 Q_0、Q_1、Q_2、Q_3 接 LED 显示器。

（3）存数功能的验证。按功能表利用逻辑开关设置控制端和预置端的状态，CP 接单次脉冲，观察并记录 Q_0、Q_1、Q_2、Q_3 的状态。

（4）左移位功能的验证。按功能表利用逻辑开关设置控制端和预置端的状态，先预置 1010 这个数，然后每按一次单脉冲，记录实验数据，填写在实验十一考核表中。

（5）右移位功能的验证。按功能表利用逻辑开关设置控制端和预置端的状态，先预置 1010 这个数，然后每按一次单脉冲，记录实验数据，填写在实验十一考核表中。

（6）串行输入，并行输出：先对 74LS194 清零，然后设置 74LS194 的工作方式为右移方式（即 $M_0=1$，$M_1=0$），用逻辑开关输出的数码代替串行数码输入到 D_{SR} 端，每输入一位二进制码，就按一次单次脉冲，连续做 4 次就完成了串并行转换。在 D_{SR} 端分别按 "1" "0" "0" "1" 输入，记录功能表利用逻辑开关设置控制端和预置端的状态，先预置 1010 这个数，然后每按一次单脉冲，记录实验数据，填写在实验十一考核表中。（工作方式也可设置为左移方式）

2. 移位寄存器的应用

（1）串行—并行转换。图 2-11-1 中所示为七位串行—并行代码转换器，也就是将七位一组的串行代码（$P_6 P_5 P_4 P_3 P_2 P_1 P_0$，高位在前，低位在后）转换成并行代码的转换器。

它由两片 74LS194 型双向移位寄存器和一个反相器组成电路，图中 Q_7 为最高位，片 1 的 Q_0 为最低位，采用右移操作。把串行代码接到片 1 的 D_{SR} 端和 A 端，使片 1 的 $B=0$，$C=D=1$，片 2 的 $D=C=B=A=1$，每片的 M_0 接高电平 1，Q_7 反相后接到两片的 M_1 端。

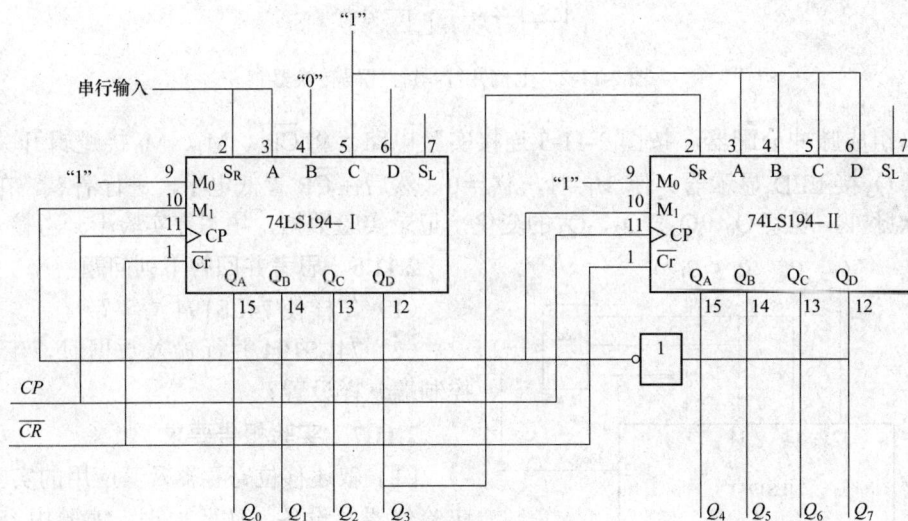

图 2-11-1 七位串行—并行代码转换器

工作时，先送入清零脉冲，使片 1、片 2 的各 Q 端均为 0。这时 $Q_7=0$，使两片的 M_1 都为高电平，即 $M_1 M_0=11$，移位寄存器处于并行置入状态，第一个时钟脉冲后，数据置入移位寄存器，即 $Q_0Q_1Q_2Q_3Q_4Q_5Q_6Q_7 = P_60111111$。这时 $Q_7 = 1$，通过反相器，使两片的 $M_1 = 1$，这样，$M_1M_0 = 11$。此时，移位寄存器完成一组七位串行代码到并行代码的转换。下一个 CP 到来，又进行并行置数，开始第二组七位串行代码到并行代码的转换。

按图 2-11-2 连接成实验电路，将片 1、2 的 $\overline{CR}$、M_1、M_0、D_{SR}、$D_0 \sim D_3$ 接逻辑开关，CP 接单次脉冲，Q_0、Q_1、Q_2、Q_3 接 LED 显示器。使片 1 的 $B = 0$，$C = D = 1$，片 2 的 $D = C = B = A = 1$，然后在 $\overline{CR}$ 置低电平，进行清零后，观察 $Q_0 \sim Q_7$ 的状态。当 $\overline{CR} = 1$，$D_{SR} = 1$，给第七个脉冲后，观察 $Q_0 \sim Q_7$ 的状态，记录实验数据，填写在实验十一考核表中。

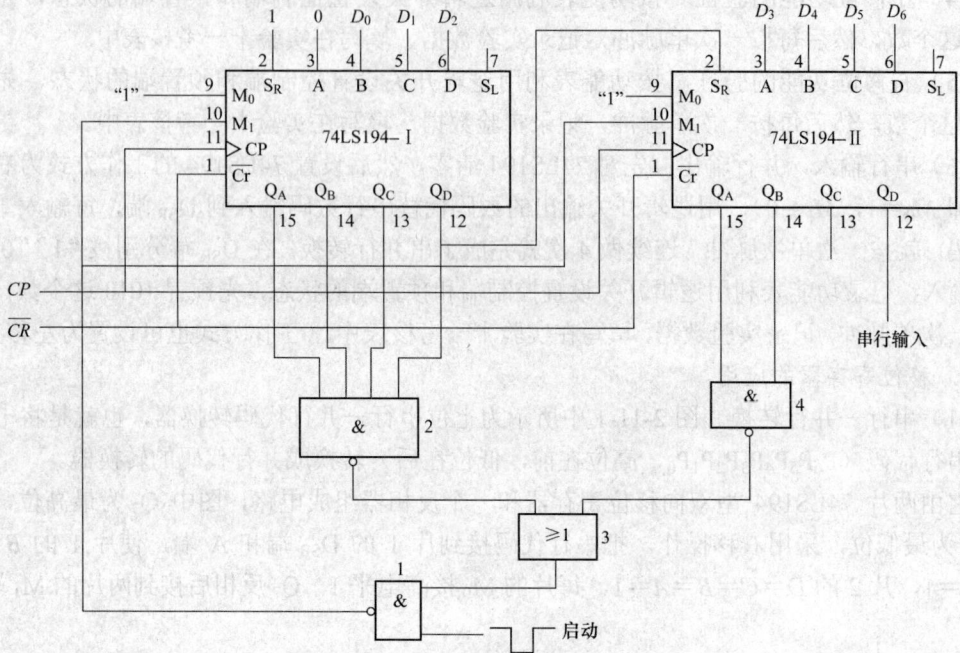

图 2-11-2　七位并行-串行代码转换器

（2）组成脉冲分配器。按图 2-11-3 连接实验电路。将 $\overline{CR}$、M_1、M_0 接逻辑开关，Q_0、Q_1、Q_2、Q_3 接 LED 显示器。使 $M_1 = 1$，$M_0 = 0$，然后在 $\overline{CR}$ 置低电平，进行清零。在 CP 端置入单次脉冲，观察 Q_0、Q_1、Q_2、Q_3 的变化，记录实验数据，填写在实验十一考核表中。

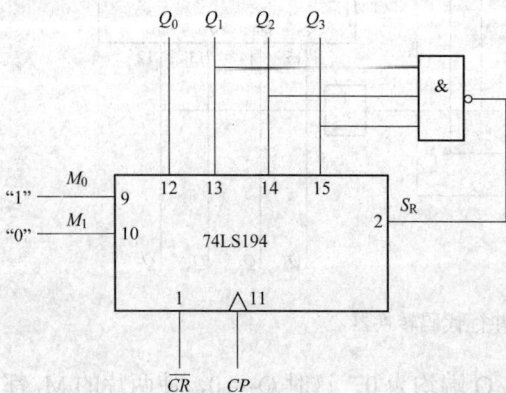

图 2-11-3　脉冲分配器

2.11.6　思考并回答下列问题

（1）怎样使 74LS194 清零？

（2）74LS194 并行输入数据时，工作模式控制端怎样设置？

2.11.7　实验报告要求

（1）叙述移位寄存器及其应用的实验目的、实验仪器及设备、实验原理、实验内容和步骤（实验报告）。

（2）整理考核表中的实验数据，分析原因，完成实验总结。

（3）将实验报告与考核表装订起来上交指

导教师。

2.12　实验十二　计数器及其应用

2.12.1　实验目的

（1）掌握同步十进制可逆计数器的工作原理。

（2）验证可逆计数器的逻辑功能。

（3）验证环形计数器与扭环计数器的计数功能。

（4）了解环形计数器的脉冲分配作用。

2.12.2　实验仪器及设备

实验仪器及设备见表 2-12-1。

表 2-12-1　　　　　　　　　　　实 验 仪 器 及 设 备

序号	名　　称	数量
1	直流稳压电源	1
2	数字电路实验箱	1
3	双踪示波器	1
4	数字万用表	1
5	集成电路 74LS04、74LS20、74LS08、74LS192、74LS74	各 1

2.12.3　实验预习要求

（1）了解同步可逆计数器的逻辑功能及使用方法。

（2）预习同步可逆计数器的工作原理。

（3）复习同步十进制计数器构成 N 进制计数器的方法，并用预置端复位法和清除端复位法将同步十进制可逆计数器 74LS192 组成一个七进制计数器。

2.12.4　实验原理

计数器是计算输入脉冲数目的时序逻辑电路。计算输入脉冲数目的最大值称为模。可用于定时、分频和时序控制等。计数器种类很多，可做如下分类讲解。

1. 按计数功能分类

按计数功能来分，计数器可分为加法计数器、减法计数器和可逆计数器三种。

（1）在同步计数器中，输入计数脉冲作为各触发器的时钟脉冲同时作用于各触发器的 CP 端，它们的动作是同步的。

（2）在异步计数器中，有的触发器将输入计数脉冲作为时钟脉冲，受其控制，触发器输出作为其他触发器的时钟，动作有先后，所以是异步的。

2. 按计数器中的触发方式分类

按计数器中的触发方式来分，可分为同步计数器和异步计数器两种。

3. 按计数制分类

按计数制的不同，可分为二进制计数器、十进制计数器和 N（任意）进制计数器。二进制计数器是按二进制规律累计脉冲个数，它也是构成其他进制计数器的基础。要构成 n 位二进制计数器，需用 n 个具有计数功能的触发器。

二进制计数器结构简单，但是读数不习惯，所以采用十进制计数比较方便。即取出四位二进制的 0000～1001 来表示十进制 0～9 的十个数码。同步十进制加法计数器与二进制加法计数器比较，来第十个脉冲不是变为 1010，而是恢复 0000。

2.12.5 实验步骤及内容

1. 同步十进制可逆计数器的功能测试

74LS192 是双时钟加/减计数器，它有一个清零端 $\overline{CR}$，当 $\overline{CR}=0$ 时，计数器的输出端全为零。它有一个异步（不由 CP 端控制）置数端 $\overline{LD}$，当 $\overline{LD}=0$ 时，计数器将数据输入端 D、C、B、A 置入计数。它有两个时钟输入端，一个为加计数时钟输入端 CP_U，另一个为减计数时钟输入端 CP_D，当 $CP_D=1$ 时，在 CP_U 端输入计数脉冲，计数器进行加计数；当 $CP_U=1$ 时，在 CP_D 端输入计数脉冲，计数器进行减计数。当 $CP_U=CP_D=1$ 时，计数器保持输出端数据不变。

74LS192 的逻辑功能见表 2-12-2 所列，引脚排列详见附表。输入与输出端分别接到逻辑开关和 LED 指示器进行置位、清零功能的验证。

表 2-12-2   74LS192 逻辑功能表

输入								输出			
CR	$\overline{LD}$	CP_U	CP_D	D_D	D_C	D_B	D_A	Q_D	Q_C	Q_B	Q_A
1	×	×	×	×	×	×	×	0	0	0	0
0	0	×	×	D	C	B	A	D	C	B	A
0	1	∫	1	×	×	×	×	加计数			
0	1	1	∫	×	×	×	×	减计数			
0	1	1	1	×	×	×	×	保持			

当 $\overline{CR}=0$，$\overline{LD}=1$，$CP_U=1$，CP 接单次脉冲，记录实验数据，填写在实验十二考核表中。

当 $\overline{CR}=0$，$\overline{LD}=1$，$CP_D=1$，CP 接单次脉冲，记录实验数据，填写在实验十二考核表中。

2. 可逆计数器组成移位寄存器

（1）按图 2-12-1 和图 2-12-2，连接成实验电路。

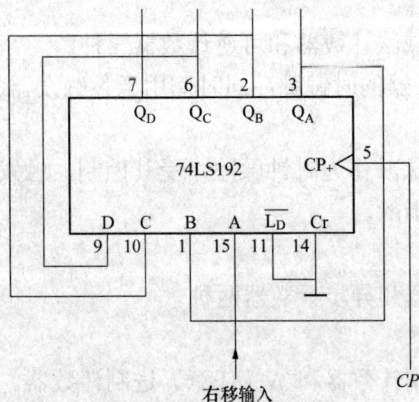

图 2-12-1 右移移位寄存器   图 2-12-2 左移移位寄存器

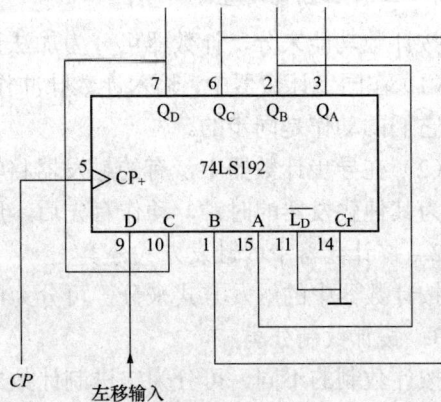

（2）输入端 A（D）接逻辑电平，时钟 CP 输入端接单次脉冲。

（3）从 A 端送数，记录实验数据，填写在实验十二考核表中。

3．可逆计数器组成时序脉冲发生器

图 2-12-3 组成的是时序脉冲发生器。由 74LS192 与 74LS138 配合使用可以构成高速时序脉冲发生器，产生复杂的多道控制时序脉冲。在 74LS192 作为计数器经 74LS138 译出所有 8 种可能出现的状态，输出是低电平有效。

（1）按图 2-12-3 连接成实验电路，74LS192 的 CP+端接连续脉冲。

（2）74LS192 的 CP、$\overline{LD}$ 和 74LS138 的 G_1、$\overline{G_2}$ 接逻辑开关。

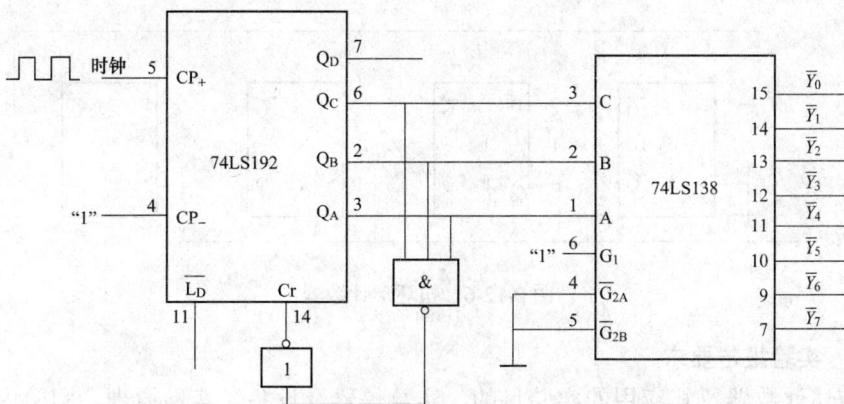

图 2-12-3　时序脉冲发生器

4．七进制计数器功能测试

自行设计电路，连接成实验电路，每加一次 CP 脉冲，观察输出端的状态，记录实验数据，填写在实验十二考核表中。

5．环形计数器与扭环计数器

（1）按图 2-12-4 连接成实验电路，设电路的初始状态 $Q_DQ_CQ_BQ_A=0001$。

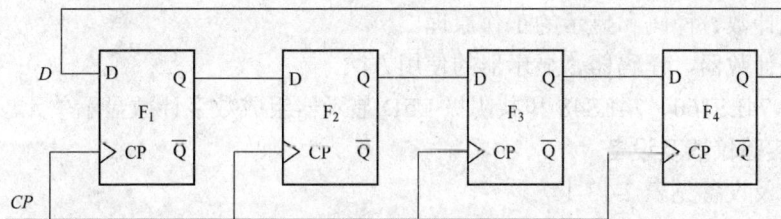

图 2-12-4　环形计数器

（2）输入单次脉冲，列表记录输入脉冲个数与计数器状态的关系。

（3）按图 2-12-5 电路连接成实验电路，使之成为自启动电路，验证自启动功能。

（4）按图 2-12-6 电路连接成实验电路，验证扭环计数器的功能。初始状态为 0000。

2.12.6　思考并回答下列问题

（1）74LS192 实现计数操作时，各使能端怎样设置？

（2）74LS192 实现置数操作时，各使能端怎样设置？

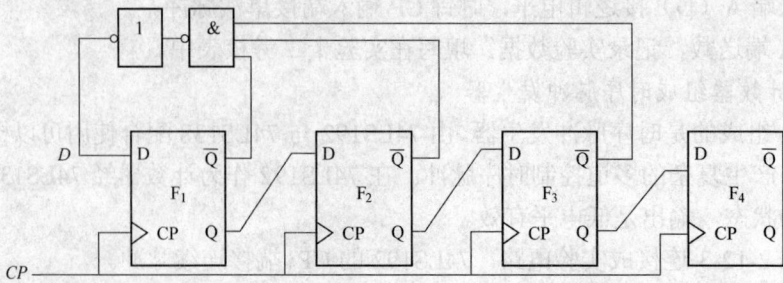

图 2-12-5　能自启动的环形计数器

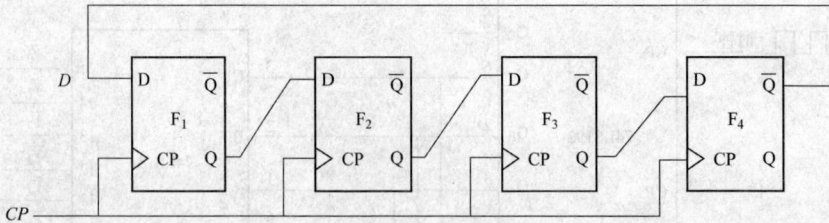

图 2-12-6　扭环形计数器

2.12.7　实验报告要求

（1）叙述计数器及其应用的实验目的、实验仪器及设备、实验原理、实验内容和步骤（实验报告）。

（2）整理考核表中的实验数据，分析原因，完成实验总结。

（3）将实验报告与考核表装订起来上交指导教师。

2.13　实验十三　计数、译码和显示

2.13.1　实验目的

（1）掌握计数、译码和显示的工作原理。

（2）熟悉计数器、译码器、显示器的使用方法。

（3）运用 74LS160、74LS48 和共阴极 LED 显示器组成数字计数显示单元。

2.13.2　实验仪器及设备

实验仪器及设备见表 2-13-1。

表 2-13-1　　　　　　　　　　　实 验 仪 器 及 设 备

序号	名　　　称	数量
1	直流稳压电源	1
2	数字电路实验箱	1
3	双踪示波器	1
4	数字万用表	1
5	集成电路 74LS00、74LS20、74LS48、74LS160	各1

2.13.3 实验预习要求

（1）复习计数、译码和显示的工作原理。

（2）用预置复位法将同步十进制计数器 74LS160 组成一个八进制计数器。

（3）用 74LS160、74LS48，共阴极数码显示器各两片及 74LS20 一片设计两位二十五进制计数器。

2.13.4 实验原理

计数器是数字系统中常用的时序逻辑电路，它主要用于累计输入时钟脉冲的个数，累计输入脉冲最大数目成为"模"，用"M"表示。中规模集成计数器主要分为异步计数器和同步计数器，通常有计数、保持、预置、清零等多功能，使用灵活。

在数字电路中，数据显示译码器能把数字量翻译成数字显示器能识别信号的译码器，例如七段显示译码器。LED 数码显示器有共阴极和共阳极两种接法。共阴极接法中，某一字段接高电平时发光；共阳极接法中，某一字段接低电平时发光。七段显示译码器 74LS48 是一种与共阴极数字显示器配合使用的集成译码器，它的功能是将输入的 4 位二进制代码转换成显示器所需要的七个段信号。

2.13.5 实验步骤及内容

1. 同步十进制计数器 74LS160 的功能测试

74LS160 是同步十进制计数器，引脚排列详见附表，它具有清零、预置、保持和计数等功能。异步清零端为 $\overline{CR}$，当 $\overline{CR}=0$ 时，计数器的输出端全为零。同步置数端为 $\overline{LD}$，当 $\overline{LD}=0$ 时，计数器将数据输入。P 和 T 端为计数器保持控制状态端，当 P 或 T 为 0 时，触发器保持状态不变。其中，P 为 0 时，Q_{CC} 保持不变；T 为 0 时，$Q_{CC}=0$。当 $\overline{CR}$、$\overline{LD}$、P、T 均为高电平，74LS160 是计数状态。

（1）将 $\overline{LD}$、P、T、$\overline{CR}$、输入端 A、B、C、D 接逻辑开关，输出端 $Q_A Q_B Q_C Q_D$ 接 LED 指示器。

（2）清零、预置、保持、计数功能测试，记录实验数据，填写在实验十三考核表中。

2. 74LS48 的功能测试

74LS48 是 8421 码经内部组合电路"翻译"成七段（a、b、c、d、e、f、g）输出，高电平有效，然后驱动共阴极数码管，显示十进制，各段表示及管脚排列见图 2-13-1。74LS48 为多功能译码器，具有试灯、灭灯、灭零辅助功能，三个使能端优先权依次为 $\overline{BI/RBO}$、$\overline{LT}$、$\overline{RBI}$，引脚排列详见附图 13-8。

$\overline{BI/RBO}$ 既可做灭灯输入也可做动态灯输出。当 $\overline{BI/RBO}$ 输入为低电平时，其输出端为低电平，则 LED 不显示，因而称灭灯状态。

$\overline{LT}$ 灯测试输入端。当 $\overline{BI/RBO}$ 输入为高电平时，$\overline{LT}$ 输入为低电平时，74LS48 输出全为"1"，则 LED 显示"8"，即每一笔画都发亮，故称 $\overline{LT}$ 为灯测试输入端。

$\overline{RBI}$ 动态灭灯输入端。当 $\overline{RBI}$ 和 A、B、C、D 输入端均为低电平时，而 $\overline{LT}$ 输入为高电平时，74LS48 输出均为低电平，动态灭灯输出（RBO）也处于低电平。当 A、B、C、D 输入端有一个为"1"时，EI 就位"1"，从而其他非"0"的数字就不会熄灭。因此，BI 端只是在不需要显示"0"的场合才使用。它可以将有效数字前、后多余的"0"灭掉，即减少功耗，又便于读数。如果正常显示"0"，则

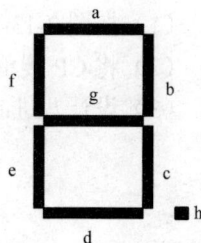

图 2-13-1 共阴数码管管脚排列及说明

应使 $\overline{RBI}=1$。

按表 2-13-2 验证 74LS48 的逻辑功能，记录实验数据，填写在实验十三考核表中。

表 2-13-2 　　　　　　　　　　　　**74LS48 的逻辑功能**

十进制	输入						$\overline{BI/RBO}$	输出						
	$\overline{LT}$	$\overline{RBI}$	D	C	B	A		a	b	c	d	e	f	g
0	1	1	0	0	0	0	1	1	1	1	1	1	1	0
1	1	×	0	0	0	1	1	0	1	1	0	0	0	0
2	1	×	0	0	1	0	1	1	1	0	1	1	0	1
3	1	×	0	0	1	1	1	1	1	1	1	0	0	1
4	1	×	0	1	0	0	1	0	1	1	0	0	1	1
5	1	×	0	1	0	1	1	1	0	1	1	0	1	1
6	1	×	0	1	1	0	1	1	0	1	1	1	1	1
7	1	×	0	1	1	1	1	1	1	1	0	0	0	0
8	1	×	1	0	0	0	1	1	1	1	1	1	1	1
9	1	×	1	0	0	1	1	1	1	1	1	0	1	1
10	1	×	1	0	1	0	1	0	0	0	1	1	0	1
11	1	×	1	0	1	1	1	0	0	1	1	0	0	1
12	1	×	1	1	0	0	1	0	1	0	0	0	1	1
13	1	×	1	1	0	1	1	1	0	0	1	0	1	1
14	1	×	1	1	1	0	1	0	0	0	1	1	1	1
15	1	×	1	1	1	1	1	0	0	0	0	0	0	0
$\overline{BI/RBO}$	×	×	×	×	×	×	0	0	0	0	0	0	0	0
$\overline{RBI}$	1	0	0	0	0	0	0	0	0	0	0	0	0	0
$\overline{LT}$	0	×	×	×	×	×	1	1	1	1	1	1	1	1

3. 计数显示电路的实验

（1）按图 2-13-2 连接电路。

（2）将 CP 接单次脉冲，观察计数显示情况。

（3）设计八进制计数器，并连接电路，记录实验数据，填写在实验十三考核表中。

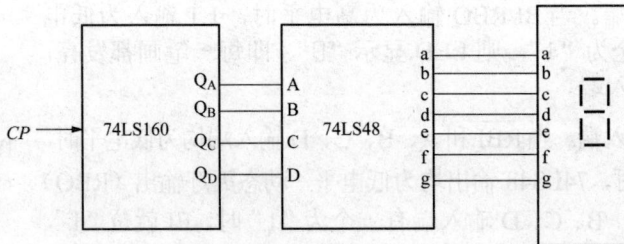

图 2-13-2　计数显示电路

4. 二十五进制的显示电路的实验

（1）按自行设计电路连接电路。

（2）将 CP 接单次脉冲，观察计数显示情况，记录实验数据，填写在实验十三考核表中。

2.13.6 思考并回答下列问题

（1）74LS160 何时有进位输出？如何利用使能端进行级联实现 100 进制、1000 进制？

（2）74LS48 芯片中 $\overline{LT}$ 端的作用是什么？正常工作时，$\overline{LT}$ 端处于什么状态？

2.13.7 实验报告要求

（1）叙述计数、译码显示的实验目的、实验仪器及设备、实验原理、实验内容和步骤（实验报告）。

（2）整理考核表中的实验数据，分析原因，完成实验总结。

（3）将实验报告与考核表装订起来上交指导教师。

2.14 实验十四 同步时序电路逻辑设计

2.14.1 实验目的

（1）掌握同步时序电路的设计方法。

（2）实验验证所设计电路的逻辑功能。

（3）认识状态分配对电路复杂性的影响。

2.14.2 实验仪器及设备

实验仪器及设备见表 2-14-1。

表 2-14-1　　　　　实 验 仪 器 及 设 备

序号	名　　称	数量
1	直流稳压电源	1
2	数字实验仪	1
3	数字万用表	1
4	集成电路	自定

2.14.3 实验预习要求

（1）复习同步时序电路的设计方法。

（2）按实验要求设计逻辑电路，并选择好集成电路。

（3）按实验要求设计输入信号序列发生器电路。

2.14.4 实验原理

同步时序电路的设计过程如下：

（1）将实际逻辑问题进行逻辑抽象——确定输入、输出变量及电路的状态数，对变量逻辑赋值，对状态编号，从而得到一个反映时序问题的状态转换图（或表）。

（2）去掉重复状态（若有的话），且对状态编码，则得到状态转换图（或表）的最简形式。对图（表）化简得到电路的状态方程与输出方程，确定触发器类型后，则由状态方程求出驱动方程。

（3）最后根据驱动与输出方程画出逻辑原理图、实验电路图。根据实验电路图安装、调试并验证电路功能。检查电路能否自启动，若不能，则应修改设计或预置初始值解决。

2.14.5 实验步骤及内容

1. 设计一个同步序列检测器

当输入序列为 111 时，输出一个"1"，即

输入序列 X   010111011110

输出序列 Y   000001000100

记录实验数据，填写在实验十四考核表中。

2. 设计一个十一进制计数器

设计一个十一进制计数器，并检查设计的电路能否自启动。

记录实验数据，填写在实验十四考核表中。

3. 设计一个广告灯控制电路

该电路的三个灯在 CP 脉冲作用下亮、暗的时序按 000—010—101—111—000 循环。设 0 为灯灭，1 为灯亮。记录实验数据，填写在实验十四考核表中。

2.14.6 思考并回答下列问题

（1）比较时序逻辑电路和组合逻辑电路在逻辑功能上和电路结构上有何不同。

（2）简述时序逻辑电路的设计方法。

2.14.7 实验报告要求

（1）叙述同步时序电路逻辑设计的实验目的、实验仪器及设备、实验原理、实验内容和步骤（实验报告）。

（2）整理考核表中的实验数据，分析原因，完成实验总结。

（3）将实验报告与考核表装订起来上交指导教师。

2.15 实验十五 555 集成定时器及其应用

2.15.1 实验目的

（1）熟悉时基集成电路 555 的工作原理。

（2）掌握时基集成电路 555 在脉冲电路中的应用。

2.15.2 实验仪器及设备

实验仪器及设备见表 2-15-1。

表 2-15-1   实 验 仪 器 及 设 备

序号	名 称	数量
1	直流稳压电源	1
2	数字电路实验箱	1
3	双踪示波器	1
4	数字万用表	1
5	集成电路 74LS00、74LS20、74LS48、74LS160	各 1

2.15.3　实验预习要求

（1）复习 555 定时器及其应用。

（2）预习 555 集成电路的各管脚功能。

2.15.4　实验原理

555 集成定时器是美国 Signetice 公司 1972 年研制的用于取代机械式定时器的双极型中规模集成电路，555 定时器在工业控制、定时、检测、报警等方面有广泛应用，因输入端设计有三个 $5\text{k}\Omega$ 电阻而得名。目前有双极型和 CMOS 两种，它们的结构和工作原理相似，它是将模拟功能与逻辑功能合二为一的时基电路，主要以振荡器和单稳态的方式工作，其振荡周期和输出脉冲宽度由外接电阻和电容决定。图 2-15-1 所示为 555 定时器的引脚说明和电路图。

555 定时器含有两个电压比较器 C1 和 C2、一个基本 RS 触发器、一个放电晶体管及由 3 个 $5\text{k}\Omega$ 的电阻组成的分压器。C1 的参考电压为 $\frac{2}{3}U_{\text{CC}}$，加在同相输入端；C2 的参考电压为 $\frac{1}{3}U_{\text{CC}}$，加在反相输入端。两者均在分压器上取得。555 定时器真值表见表 2-15-2 引脚功能如下：

（1）GND：接地端。

（2）TL：低电平触发端。当 2 端的输入电压大于 $\frac{1}{3}U_{\text{DD}}$ 时，C2 输出高电平；小于 $\frac{1}{3}U_{\text{DD}}$ 时，C2 输出低电平 0，使触发器置 1，即 $Q=1$。

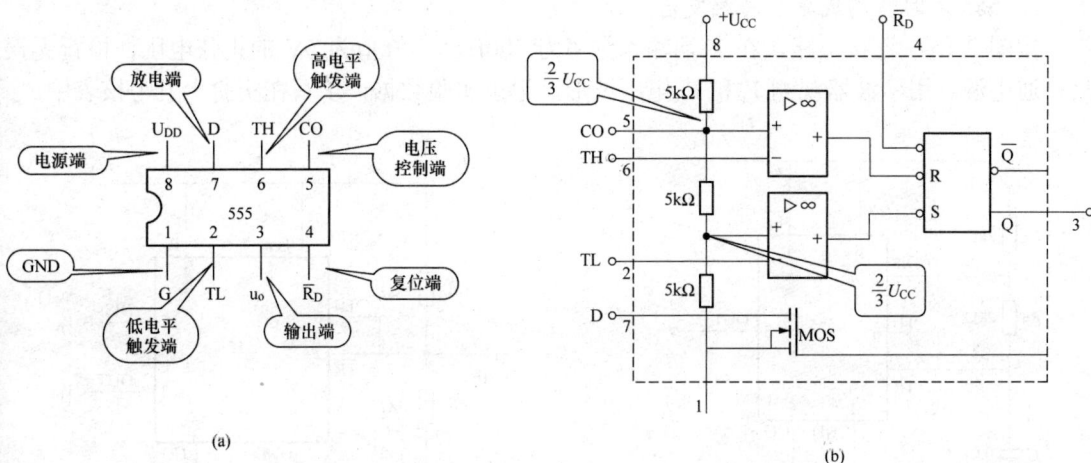

图 2-15-1　555 定时器

（a）引脚说明；（b）电路

（3）u_{o}：定时器的输出端，即基本 RS 触发器的 Q 端。

（4）$\overline{R_D}$：复位端，需要置 0 时，从 4 端输入负脉冲，即 $\overline{R_D}=0$ 时，$Q=0$。

（5）CO：电压控制端，由此端可以外加一电压以改变电压比较器的参考电压。不用时，应经过 $0.01\mu\text{F}$ 的电容接地，以防干扰的侵入。

（6）TH：高电平触发端。当 6 端的输入电压小于 $\frac{2}{3}U_{\text{DD}}$ 时，C1 输出高电平；大于 $\frac{2}{3}U_{\text{DD}}$ 时，

C1 输出低电平 0，使触发器置 0，即 $Q=0$。

（7）D：放电端，从 MOS 管的漏极 D 引出。MOS 场效应管构成开关，其状态受 $\overline{Q}$ 控制。$\overline{Q}=1$ 时，$U_{GS}>U_{GS(th)}$，MOS 管导通，为外接电容元件提供放电通路；$\overline{Q}=0$ 时，$U_{GS}<U_{GS(th)}$，MOS 管截止。

（8）U_{DD}：电源端，电压可在 4.5～18V 范围内工作。

表 2-15-2　　　　　　　　　　　555 集成定时器真值表

U_6	U_2	R	S	Q	$\overline{Q}$	MOS 管
$>\dfrac{2}{3}U_{cc}$	$>\dfrac{1}{3}U_{cc}$	0	1	0	1	导通
$<\dfrac{2}{3}U_{cc}$	$<\dfrac{1}{3}U_{cc}$	1	0	1	0	截止
$<\dfrac{2}{3}U_{cc}$	$>\dfrac{1}{3}U_{cc}$	1	1	保持		保持

2.15.5　实验步骤及内容

1. 555 定时器构成多谐振荡器

按图 2-15-2 连接电路，检查无误后接通电源。用示波器观测 V_C 和 V_D 电压波形，记录实验数据，填写在实验十五考核表中。

2. 555 定时器构成施密特触发器

按图 2-15-3 连接电路，在 V_i 端输入频率为 500Hz 峰-峰值为 5V 的正弦电压，检查无误后接通电源。用示波器观测 V_i 和 V_o 电压波形，记录实验数据，填写在实验十五考核表中。

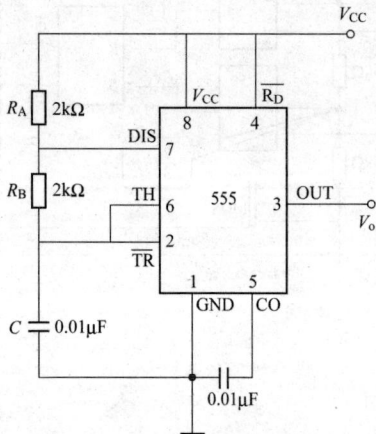

图 2-15-2　多谐振荡器　　　　　　　　　图 2-15-3　施密特触发器

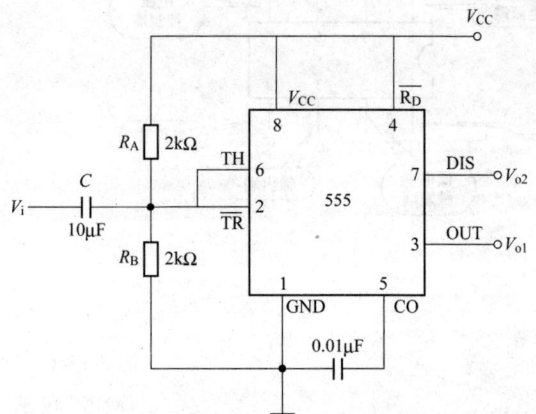

3. 555 定时器构成单稳态触发器

单稳态触发器，在触发信号的作用下，由稳态翻转成暂稳状态，暂稳状态维持一定时间后，又会自动返回到稳态。

单稳态触发器电路如图 2-15-4 所示，R 和 C 是外接元件，两者的连接点接至高电平触发端 6 和放电端 7，R 的另一端接电源＋U_{DD}，C 的另一端接地。外来触发信号 V_i 采用连续脉冲，其频率为 1kHz，用示波器观测 V_i、V_o 和 V_c 电压波形，记录实验数据，填写在实验十五考核表中。

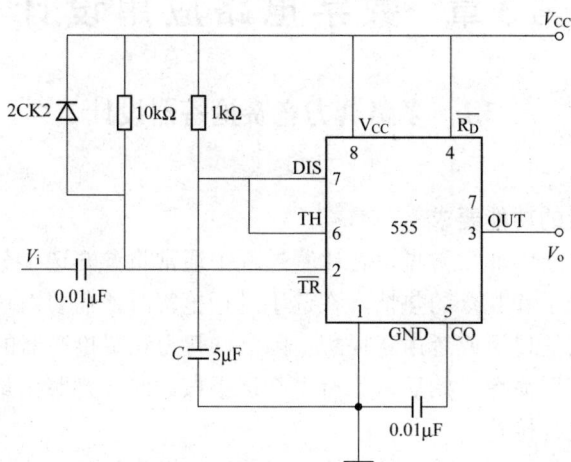

图 2-15-4 单稳态触发器

4. 占空比可调的脉冲信号源

（1）按图 2-15-5 连接电路，检查无误后接通电源，将电位器 R_w 顺时针旋到底，记录 V_o 电压波形，然后切断电源，测量 R_A 和 R_B 的电阻值。

（2）检查无误后接通电源，将电位器 R_w 逆时针旋到底，记录 V_o 电压波形，然后切断电源，测量 R_A 和 R_B 的电阻值。

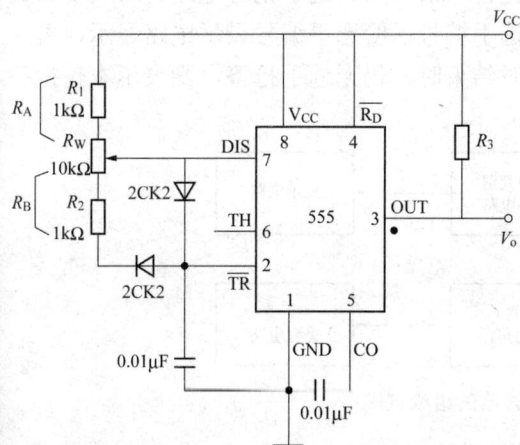

图 2-15-5 占空比可调的方波发生器

（3）检查无误后接通电源，调整电位器 R_w，使 V_o 输出为对称方波，记录 V_c、V_o 电压波形，然后切断电源，测量 R_A 和 R_B 的电阻值，记录实验数据，填写在实验十五考核表中。

2.15.6 实验报告要求

（1）叙述 555 集成定时器的实验目的、实验仪器及设备、实验原理、实验内容和步骤（实验报告）。

（2）整理考核表中的实验数据，分析原因，完成实验总结。

（3）将实验报告与考核表装订起来上交指导教师。

第3章 数字电路应用设计

3.1 多路智力竞赛抢答器设计

3.1.1 智力抢答器的功能要求

智力竞赛在日常生活中非常常见，在比赛过程中通常将参赛选手分为几组，通过抢答和必答的方式激发参赛选手和观众的热情。在选手进行抢答时，需要对选手的回答顺序进行先后判别，必要时给予数值显示或者声音提醒。因此，智力竞赛抢答器的基本功能要求如下：

（1）在"开始抢答"命令开始后，当有多个选手按键时，判断出最先按键的选手，并显示选手编号，允许其进行抢答。

（2）主持人可以操作控制开关，控制抢答器的清零操作和开始抢答操作。

（3）抢答器具有定时抢答功能，当主持人宣布"开始抢答"后，抢答器开始倒计时，若时间到时无人抢答，则发出声光提醒。

3.1.2 总体组成框图

智力竞赛抢答器的组成框图如图 3-1-1 所示，包括主持人控制电路、选手抢答电路、选手编号显示电路、倒计时电路、声音提醒电路几部分。当主持人未发出"开始抢答"信号时，若选手按键，则抢答无效，在主持人发出"开始抢答"信号后，选手抢答电路将对选手按键的先后顺序进行判断，并将判断出的最早按键的选手编号送给选手编号显示电路显示，若主持人发出"开始抢答"信号后，在倒计时电路计时结束时，仍无选手抢答，则表示本轮抢答无效，发出声音提醒。

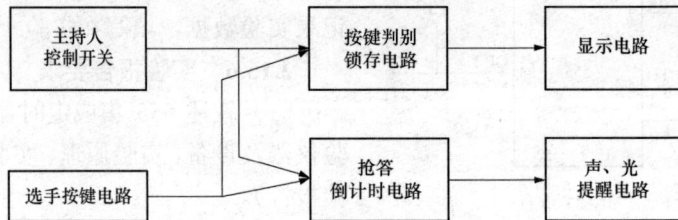

图 3-1-1 智力竞赛抢答器的组成框图

3.1.3 电路设计

智力竞赛抢答器主要由图 3-1-1 所示几部分电路组成，下面介绍主要电路的设计过程及工作原理。

1. 选手按键电路

设智力竞赛抢答器共有 8 名选手参赛，分别对应图 3-1-2 中的 S_0、S_1、S_2、S_3、S_4、S_5、S_6、S_7 按键，当有选手按键抢答时，对应通道得到低电平，因此将低电平送给后续的按键判别锁存电路。

2. 按键判别锁存电路

按键判别锁存电路实际上是完成第 1 个按键信号鉴别电路，锁存第 1 个选手的编号，同时使后面抢答者的按键无效，并将第 1 个参赛选手编号传输给选手编号显示电路。

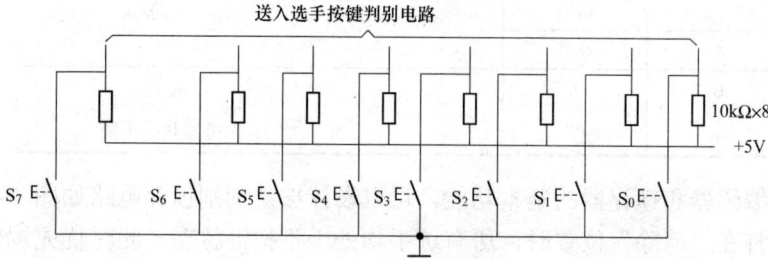

图 3-1-2 选手按键电路

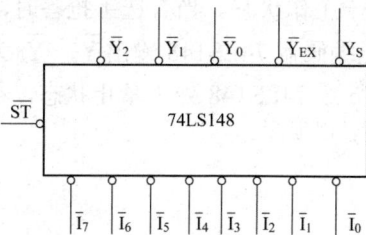

图 3-1-3 74LS148 逻辑符号

为了实现第 1 个信号的鉴别，本设计选用集成 8 线-3 线优先编码器 74LS148，逻辑符号如图 3-1-3 所示。74LS148 为输入低电平有效，若 $\bar{I}_0 \sim \bar{I}_7$ 输入低电平，则对输入端进行编码，优先顺序为 $\bar{I}_7$ 优先权最高，$\bar{I}_0$ 优先权最低；$\overline{ST}$ 为低电平有效使能输入端，$\bar{Y}_0 \sim \bar{Y}_2$ 为输出端，输出为对应输入通道的 3 位二进制代码的反码；$\bar{Y}_{EX}$ 为低电平有效的扩展输出端，Y_S 为输出选通端。

74LS148 功能表见表 3-1-1。

表 3-1-1 74LS148 功能表

输 入									输 出				
$\overline{ST}$	$\bar{I}_0$	$\bar{I}_1$	$\bar{I}_2$	$\bar{I}_3$	$\bar{I}_4$	$\bar{I}_5$	$\bar{I}_6$	$\bar{I}_7$	$\bar{Y}_2$	$\bar{Y}_1$	$\bar{Y}_0$	$\bar{Y}_{EX}$	$\bar{Y}_S$
1	×	×	×	×	×	×	×	×	1	1	1	1	1
0	1	1	1	1	1	1	1	1	1	1	1	1	0
0	×	×	×	×	×	×	×	0	0	0	0	0	1
0	×	×	×	×	×	×	0	1	0	0	1	0	1
0	×	×	×	×	×	0	1	1	0	1	0	0	1
0	×	×	×	×	0	1	1	1	0	1	1	0	1
0	×	×	×	0	1	1	1	1	1	0	0	0	1
0	×	×	0	1	1	1	1	1	1	0	1	0	1
0	×	0	1	1	1	1	1	1	1	1	0	0	1
0	0	1	1	1	1	1	1	1	1	1	1	0	1

为了实现将抢答选手编号锁存的功能，本设计选用四 $\bar{R}-\bar{S}$ 触发器 74LS279，它由 4 个独立的基本 RS 触发器构成。逻辑功能与 RS 触发器一致，见表 3-1-2。

表 3-1-2 74LS279 功能表

输 入		输出	说 明
$\bar{R}$	$\bar{S}$	Q^{n+1}	
0	0	×	输出状态不定，不允许
0	1	0	置 0

输入		输出	说　明
$\bar{R}$	$\bar{S}$	Q^{n+1}	
1	0	1	置1
1	1	Q^n	保持原状态不变

　　根据优先编码器和锁存器的基本功能，可以设计按键判别锁存电路如图 3-1-4 所示。当主持人将开关打在"清除"位置时，所有选手均处于不按键状态，此时优先编码器的输入端均为高电平，输出端 $\bar{Y}_0 \sim \bar{Y}_2$ 和 $\bar{Y}_{EX}$ 为高电平，因此 74LS279 输出均为低电平，74LS148 的使能端 $\overline{ST}$ 为低电平，处于工作状态。当主持人将开关打在"开始抢答"位置时，74LS279 中的四个 RS 触发器输入均为高电平，优先编码器和锁存器均处于工作状态。当有选手抢答时，例如 4 号选手按下抢答键，则 S4 接地，即 $\bar{I}_4$ 为 0，此时优先编码器 74LS148 输出 $\bar{Y}_2 \sim \bar{Y}_0$ 为 011，$\bar{Y}_{EX}$ 为 0，由于 $\bar{Y}_{EX}$ 为 0，则 74LS279 的 1Q 输出为 1，导致 74LS148 处于禁止状态，不能接收其他选手的按键信号，因此实现了第 1 按键信号的鉴别和锁存。

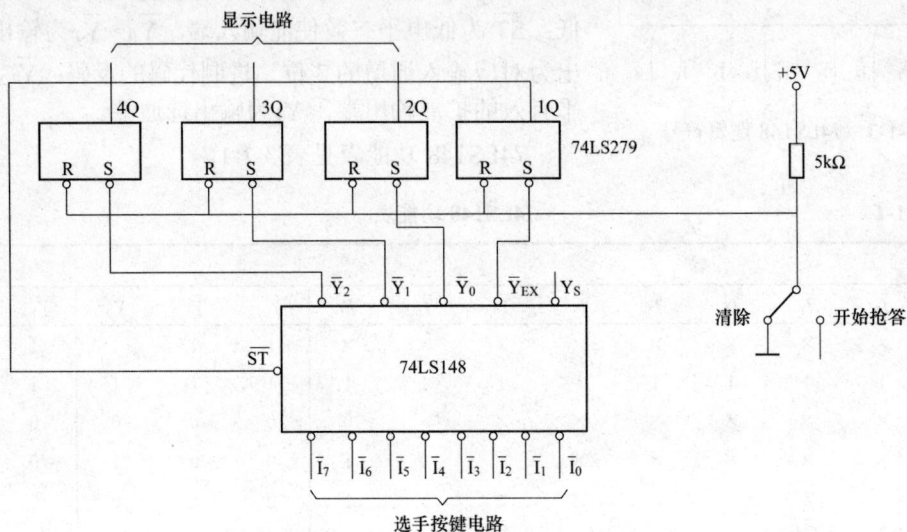

图 3-1-4　按键判别锁存电路

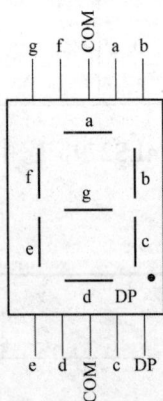

图 3-1-5　分段式数码显示器

3. 显示电路

　　数值显示可以通过多种方法来实现，例如分段式数码显示器、点阵显示器、字形重叠显示等方式。其中，分段式数码显示器原理简单，它的每一段均由发光二极管构成，通过发光二极管的发光决定显示的字符，使用简便，外观清洗，使用最为普遍，因此，本设计中采用分段式数码显示器进行时间显示。

　　分段式数码显示器内部结构如图 3-1-5 所示，根据发光字段的不同组合，可以显示 0~9 十个数字。由于分段式数码显示器内部发光二极管的连接方式不同，显示器分为两种：共阴极或共阳极，结构如图 3-1-6 所示。显示器的不同，决定选择的显示译码器也不同，74LS48 驱动共阴极显示器，74LS47 驱动共阳极显示器。本设计中选择 74 LS48 作为显示译码器。

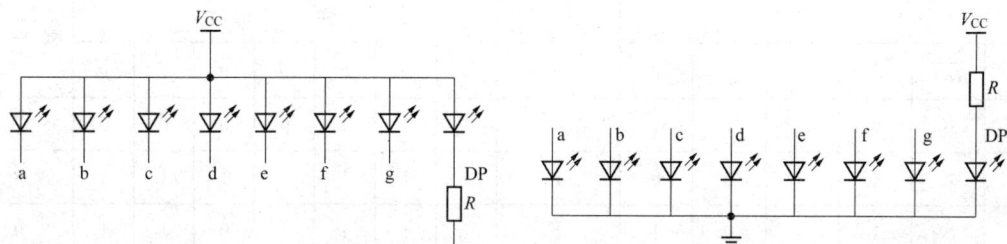

图 3-1-6 数码显示器内部连接方式

74LS48 把 8421 码经内部组合电路"翻译"成
七段（a、b、c、d、e、f、g）输出，然后直接驱动
LED，显示十进制数，逻辑符号如图 3-1-7 所示。

74LS48 的输出是高电平有效，驱动共阴极数
码管，显示十进制。74LS48 为多功能译码器，具
有试灯、灭灯、灭零辅助功能。

74LS48 有三个使能端：

（1）$\overline{BI/RBO}$ 既可做灭灯输入也可以做动态灯

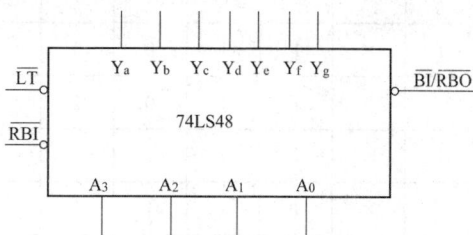

图 3-1-7 74LS48 逻辑符号

输出。当 BI/RBO 输入为低电平时，其输出端均为低电平，则 LED 不显示，因而称灭灯状态。

（2）$\overline{LT}$ 灯测试输入端。当 $\overline{BI/RBO}$ 输入为高电平，$\overline{LT}$ 输入为低电平时，74LS48 输出全
为"1"，LED 显示"8"，即每一笔画都亮，故称 $\overline{LT}$ 为灯测试输入端。

（3）$\overline{RBI}$ 动态灭灯输入端。当 $\overline{RBI}$ 和 A、B、C、D 输入端均为低电平，而 $\overline{LT}$ 输入为高
电平时，则 74LS48 的输出均为低电平，动态灭灯输出（RBO）也处于低电平。当 A、B、C、
D 输入端中有一个为"1"时，EI 就位"1"，从而其他非"0"的数字就不会熄灭。因此，BI
端只是在不需要显示"0"的场合才使用。它可以将有效数字前、后多余的"0"熄灭，即减
少功耗，又便于读出。如果正常显示"0"，则应使 $\overline{RBI}=1$。

由此可见，优先权依次 $\overline{BI/RBO}$、$\overline{LT}$、$\overline{RBI}$。

74LS48 功能表见表 3-1-3。

表 3-1-3   74LS48 功能表

输 入						$\overline{BI/RBO}$	输 出							显示字符
$\overline{LT}$	$\overline{RBI}$	D	C	B	A		a	b	c	d	e	f	g	
1	1	0	0	0	0	1	1	1	1	1	1	1	0	0
1	×	0	0	0	1	1	0	1	1	0	0	0	0	1
1	×	0	0	1	0	1	1	1	0	1	1	0	1	2
1	×	0	0	1	1	1	1	1	1	1	0	0	1	3
1	×	0	1	0	0	1	0	1	1	0	0	1	1	4
1	×	0	1	0	1	1	1	0	1	1	0	1	1	5
1	×	0	1	1	0	1	0	0	1	1	1	1	1	6

续表

输　入						$\overline{BI}/RBO$	输　出							显示字符
$\overline{LT}$	$\overline{RBI}$	D	C	B	A		a	b	c	d	e	f	g	
1	×	0	1	1	1	1	1	1	1	0	0	0	0	7
1	×	1	0	0	0	1	1	1	1	1	1	1	1	8
1	×	1	0	0	1	1	1	1	1	1	0	1	1	9
1	×	1	0	1	0	1	0	0	0	1	1	0	1	
1	×	1	0	1	1	1	0	0	1	1	0	0	1	
1	×	1	1	0	0	1	0	1	0	0	0	1	1	
1	×	1	1	0	1	1	1	0	0	1	0	1	1	
1	×	1	1	1	0	1	0	0	0	1	1	1	1	
1	×	1	1	1	1	1	0	0	0	0	0	0	0	暗
×	×	×	×	×	×	0	0	0	0	0	0	0	0	暗
1	0	0	0	0	0	0	0	0	0	0	0	0	0	暗
0	×	×	×	×	×	1	1	1	1	1	1	1	1	

显示译码器与数码显示的连接如图 3-1-8 所示。

4. 抢答倒计时电路

在智力竞赛抢答时，通常会设置抢答时间，即在规定时间内答有效。为了让参赛选手和观众知晓抢答时间，会设置倒计时时间显示牌。

本设计中，倒计时选用集成同步十进制加/减法计数器 74LS192，逻辑符号如图 3-1-9 所示。其中，$\overline{LD}$ 为置数端，CP_U 为加法计数脉冲输入端，CP_D 为减法计数脉冲输入端，$\overline{CO}$ 为进位输出端，$\overline{BO}$ 为借位输出端，CR 为清零端，D_0、D_1、D_2、D_3 为计数输入端，Q_0、Q_1、Q_2、Q_3 为计数输出端。

集成同步十进制加/减法计数器 74LS192 功能表见表 3-1-4。

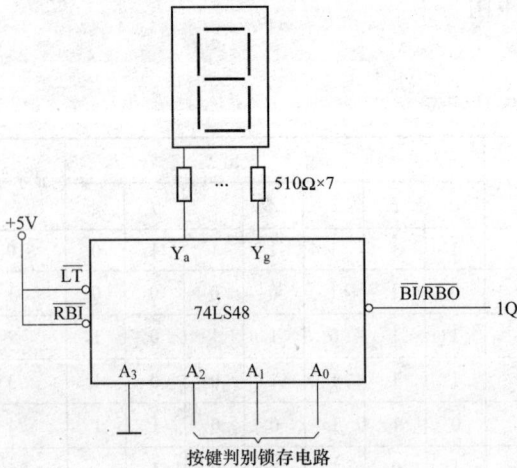

图 3-1-8　显示电路

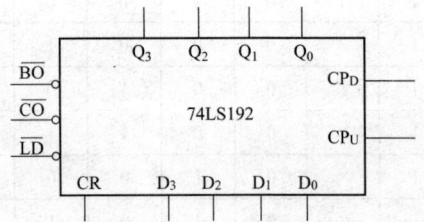

图 3-1-9　74LS192 逻辑符号

表 3-1-4 **74LS192 功能表**

	输		入					输	出		
CR	$\overline{LD}$	CP_U	CP_D	D_3	D_2	D_1	D_0	Q_3	Q_2	Q_1	Q_0
1	×	×	×	×	×	×	×	0	0	0	0
0	0	×	×	d	c	b	a	d	c	b	a
0	1	↑	×	×	×	×	×	加法计数			
0	1		↑	×	×	×	×	减法计数			

主持人可以手动设定抢答时间,主持人按下"开始抢答"按钮后,倒计时开始,同时通过显示电路进行时间显示,若倒计时时间到仍无选手抢答,则输出声光提醒信号。

根据 74LS192 的逻辑功能,将两片芯片级连,实现倒计时显示电路,如图 3-1-10 所示。

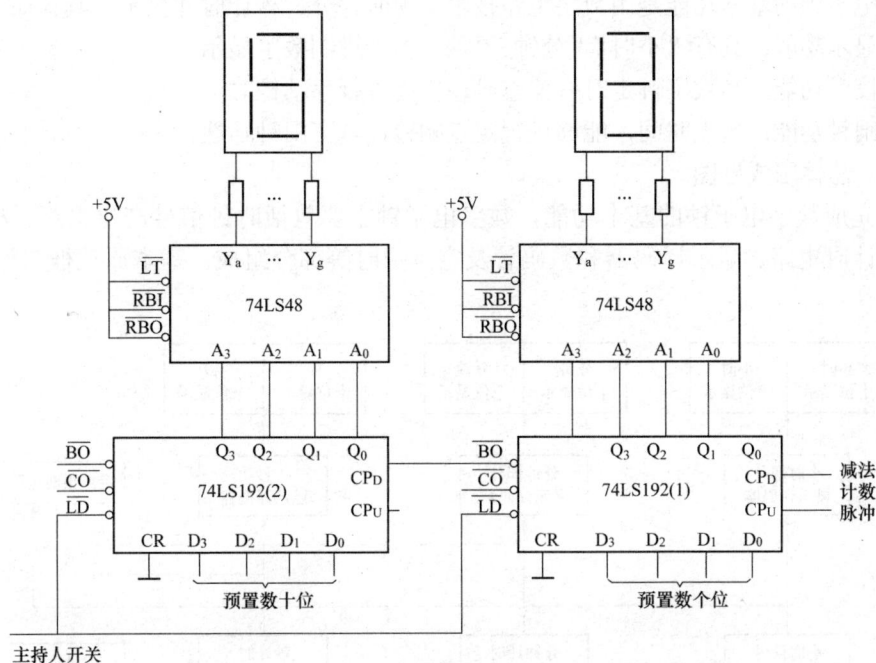

图 3-1-10 倒计时电路

3.1.4 设计任务

1. 功能要求

(1)主持人可以操作控制开关,控制抢答器的清零操作和开始抢答操作,发出"开始抢答"命令,选手可以按键抢答。

(2)当有多个选手按键时,判断出最先按键的选手,并显示选手编号,允许其进行抢答。

(3)抢答器具有定时抢答功能,若时间到时无人抢答,本轮抢答结束,发出声光提醒。

2. 参考元器件

74LS147、74LS148、74LS279、CD4043、74LS47、74LS48、CD4511、74LS192、74LS193、共阴极数码管、共阳极数码管、按键、电阻等常规器件若干。

3. 报告要求

（1）论述所设计的多路智力竞赛抢答器的基本功能，也可增加扩展功能。

（2）阐述单元电路的设计过程，并标明元器件的选择及参数计算依据。

（3）根据各单元电路图画出整机电路图。

3.2　多功能数字钟电路设计

3.2.1　多功能数字钟的功能要求

数字电子钟常见于电子手表、车站、码头、机场、商场等公共场所的时间显示装置，多由集成电路和数码显示装置构成，与机械式时钟相比具有更高的准确性和直观性，且无机械装置，具有更长的使用寿命，因此得到了广泛的使用。

数字电子钟的基本功能是用数字电路技术实现时、分、秒计时并显示，具体如下：

（1）显示功能：具有"小时""分钟""秒"的十进制数字显示。

（2）校时功能：当数字钟走时有偏差时，应能进行手动校时。

（3）闹钟功能：预设时间，能够进行定点响铃，具有闹钟功能。

3.2.2　总体组成框图

为了完成数字电子钟的基本功能，数字电子钟主要包括时钟信号产生电路、秒、分钟和小时的计时电路、显示译码器和数码管及定点报时等部分组成。基本原理框图如图 3-2-1 所示。

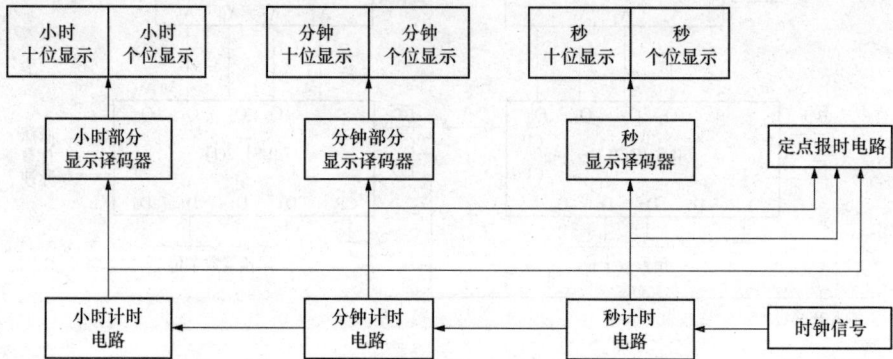

图 3-2-1　数字钟原理框图

时钟信号作为数字电子钟的基本信号源，是关系到数字电子钟走时是否准确的核心部分，由它产生的秒脉冲信号送给计时电路，实现时间的累积。其中，秒和分钟计时电路均为 60 进制计数器，小时计时电路为 24 进制计数器。不同进制的计数器、显示译码器和数码管分别构成 60s 显示、60min 显示和 24h 显示，通过各部分单元电路的连接，最终实现完整的数字电子钟。

3.2.3　电路设计

1. 时钟信号产生电路

时钟信号产生电路的目的是产生秒脉冲，它的稳定性及频率的准确性决定了数字电子钟的性能好坏，可以用多种方法设计时钟产生电路。石英晶体振荡器可以产生振荡频率较高的脉冲信号，通过分频之后可以得到 1Hz 的秒脉冲信号，也可以实现对振荡器频率的微调，具有较高的精度；对精度要求不高的场合，多使用集成电路 555 定时器构成通过外接电阻、电容元件，可以构成多谐振荡器，输出产生 1Hz 的矩形波信号，作为时钟产生电路。

下面以 555 定时器为例说明时钟产生电路的设计过程。

时钟信号产生电路如图 3-2-2 所示。为了得到矩形波信号，将 555 定时器和适当的阻容元器件相连，连接成多谐振荡器。将 555 定时器的阈值输入端 TH 和触发输入端 $\overline{\mathrm{TR}}$ 相连接对地电容 C2。由图 3-2-2 可知，充电回路为 V_{DD} 经 R1、VD1 对 C2 充电，充电时间常数为 R_1C_2，放电回路为 VC2 经过 VD2、R2 和 555 内部的放电管 V 放电，放电时间常数为 R_2C_2。由于 R1 和 R2 各有一部分可调电阻，因此本设计为占空比可调的多谐振荡器。

电容充电时间为

$$t_{w1}=0.7R_1C_2$$

电容放电时间为

$$t_{w2}=0.7R_2C_2$$

周期为

$$\begin{aligned}T&=t_{w1}+t_{w2}\\&=0.7(R_1+R_2)C_2\end{aligned}$$

占空比为

$$q=\frac{R_1}{R_1+R_2}$$

由于 555 定时器产生秒脉冲信号，因此它输出的矩形波周期为 $T=1\mathrm{s}$，由此可以确定 C_2、R_1 和 R_2 的值，通过调节 R_1 和 R_2 的值改变占空比，在输出端 U_o 可以得到周期为 1s 的矩形波。

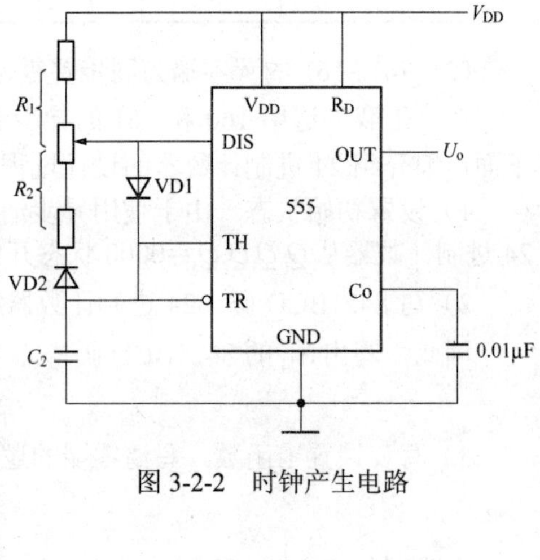

需要说明，能产生时钟脉冲的电路很多，如用晶体振荡器附加适当的门电路，可产生脉冲，但其振荡频率由晶体决定，而且振荡频率通常很高，调整和分频不是太方便。还可以用滞回比较器加 RC 电路产生时钟信号。当数字钟系统中需要频率非常稳定的时钟脉冲时，若发生电源电压波动、温度变化，以及受到 R、C 参数误差的影响，555 所构成的多谐振荡器很难满足要求。石英晶体振荡器频率稳定，精度高，因此，石英晶体振荡器可以输出符合要求的矩形脉冲信号。读者可以尝试设计其他电路形式的秒脉冲产生电路。

图 3-2-2 时钟产生电路

2. 小时计时电路

在数字电子钟中，小时部分采用 24h 一个循环周期，主要通过计数器芯片来实现。以中规模集成电路 74LS160 和 74LS161 为例，通过芯片的级联，实现 24h 计时电路。

计数器 74LS160 是集成同步十进制加法计数器，计数器 74LS161 是异步四位二进制加法计数器，与计数器 74LS160 的芯片外观、引脚排列均相同，如图 3-2-3 所示。

（1）74LS160（以下简称 160）主要有以下逻辑功能：

1）异步清零功能。当 CLR＝0 时，无论 CLK 和其他输入端有无信号输入，计数器均被清零，这时 $Q_A Q_B Q_C Q_D$＝0000。

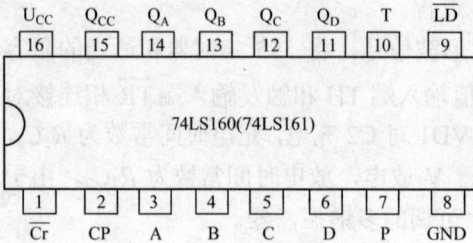

图 3-2-3　74LS160、161 引脚排列

2）同步并行置数功能。当 CLR＝1，LOAD＝0 时，输入一个 CLK 脉冲的有效边沿，A、B、C、D 端数据并行置入各计数器相应的触发器中，这时，$Q_A Q_B Q_C Q_D$＝ABCD。

3）计数功能。当 LOAD＝CLR＝ENT＝ENP＝1，CLK 端输入计数脉冲时，计数器按照 8421BCD 码的规律进行十进制加法计数。当 0～9 一个循环结束，会产生进位输出，即 CO＝1。

4）保持功能。当 LOAD＝CLR＝1，且 ENT 和 ENP 中有 0 时，计数器保持原来的状态不变。74LS160 逻辑功能见表 3-2-1。

表 3-2-1　　　　　　　　　　　　　　74LS160 逻辑功能

输　　　　　入					输　　　　　出				功能
$\overline{Cr}$	CP	$\overline{LD}$	P	T	Q_A	Q_B	Q_C	Q_D	
0	×	×	×	×	0	0	0	0	清零
1	↑	0	×	×	a	b	c	d	预置
1	↑	1	0	×	Q_{An}	Q_{Bn}	Q_{Cn}	Q_{Dn}	保持
1	↑	1	×	0	Q_{An}	Q_{Bn}	Q_{Cn}	Q_{Dn}	保持
1	↑	1	1	1	加 1 计数				计数

（2）74LS161 的置零端为同步置零，其他与 160 基本相同。

在这里我们选用 160 和 161 的异步清零端 CLR 作为控制信号，设计 24 进制的计数器，下面详细介绍 24 进制计数器的设计过程。

1）设置初始状态。由于使用异步清零端进行设计，计数器的计数值都是从 0 开始。若 24 进制计数器从 $Q_0 Q_1 Q_2 Q_3$＝0000 状态开始计数，因此，应取初始状态为 $D_0 D_1 D_2 D_3$＝0000。

2）写 8421BCD 码。24 进制计数器应包含 0～23，共计 24 个状态。

因此，写出 S_{24} 的 8421BCD 码

$$S_{24}=0010010$$

3）写反馈置零函数。写清零端的逻辑表达式：

$$\overline{CR}=\overline{Q_1' Q_2}$$

电路图如图 3-2-4 所示。

由图 3-2-4 可知，160（1）是二十四进制计数器的个位部分，160（2）是六十进制计数器的十位部分。将 160（1）的进位输出端 CO 与 160（2）的计数使能端相连，由于 74LS160 是一个集成同步异步十进制加法计数器，当它计满一个循环 0～9 时，进位输出端 RCO 会产生一个高电平信号，由于此高电平信号连接至 160（2）的计数使能端，因此，160（2）处于计数工作状态。此计数器采用异步置零法设计，当计数器输出为 24 时，两片计数器芯片将立

刻无条件归零，因此，实现了 0～23 共 24 个状态。

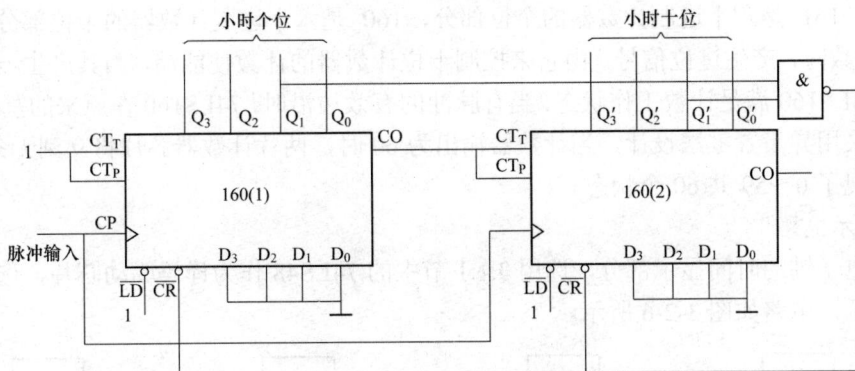

图 3-2-4 小时计时电路

3. 秒计时和分计时电路

秒计时电路和分钟计时电路原理相同，都是六十进制计数器，由一个十进制计数器和一个六进制计数器连接构成。

此设计中选用两片中规模集成电路 74LS160 和 74LS161 级联构成。其中，74LS161 代表个位，74LS160 代表十位，设计过程如下：

（1）设置初始状态。由于使用异步置零端，因此计数器的初始值从 0 开始。设 60 进制计数器从 $Q_0Q_1Q_2Q_3$=0000 状态开始计数，因此，应取初始状态为 $D_0D_1D_2D_3$=0000。

（2）十位片计数使能端控制函数。由 160 和 161 构成的 60 进制计数器中，若个位片计满 10 个数，则十位片计 1 个数，因此，需要在个位片计满 10 个数时，使十位片计数使能端接收有效电平，开始计数，因此，写出十位片计数使能端控制函数为

$$CT_T=CT_P=Q_3Q_1$$

（3）写反馈置零函数。写清零端的逻辑表达式：

$$\overline{CR}(161)=\overline{Q_3Q_1}$$

$$\overline{CR}(160)=\overline{Q_2'Q_0'}$$

电路图如图 3-2-5 所示。

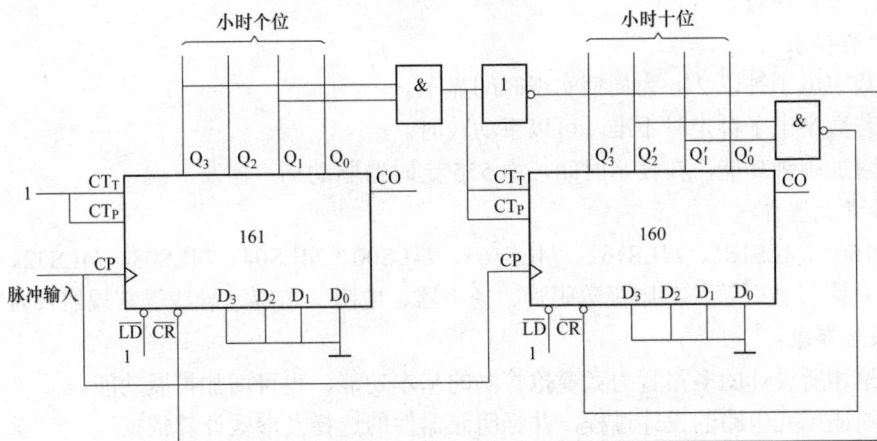

图 3-2-5 六十进制计数器

为了设计方便，选用同步时序逻辑电路，将 160 和 161 的 CP 脉冲端连在一起。从图 3-2-5 可以看出，161 是六十进制计数器的个位部分，160 是六十进制计数器的十位部分。当 161 计满 10 个数时，产生进位信号，由它来控制十位计数器的计数使能端，当其产生一个高电平信号时，74LS160 满足计数工作状态，当有脉冲的有效边沿时，74LS160 在原来的基础上加 1。此计数器采用异步置零法设计，当计数器输出为 60 时，两片计数器芯片将立刻无条件归零，因此，实现了 0~59 共 60 个状态。

4. 显示电路

数字电子钟的时间显示部分，选用 3.1.1 节中的 74LS48 作为译码驱动芯片，选用共阴极数码管显示，电路如图 3-2-6 所示。

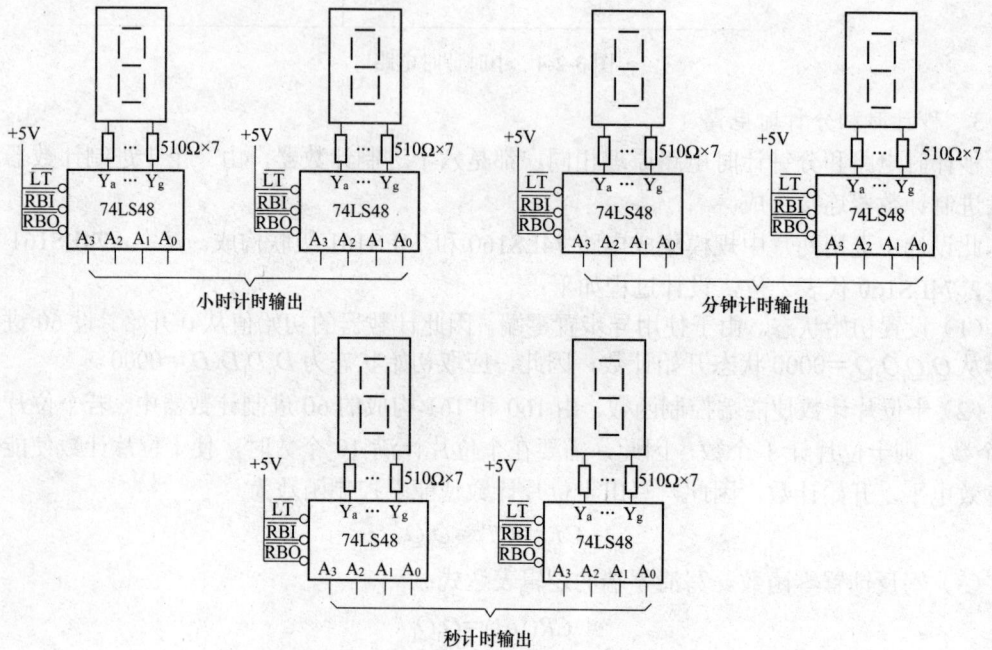

图 3-2-6　显示电路

3.2.4　设计任务

1. 功能要求

（1）数字电子钟以 24h 为周期实现时间显示。

（2）若数字电子钟走时不准，可以手动较时。

（3）附加闹钟功能，在设定时间，由 555 定时器驱动扬声器发声。

2. 参考元器件

74LS160、74LS161、74LS162、74LS163、74LS00、74LS04、74LS08、74LS32、74LS47、74LS48、共阴极数码管、共阳极数码管、扬声器、电阻、电容、导线等常规器件若干。

3. 报告要求

（1）论述所设计的多路智力竞赛抢答器的基本功能，也可增加扩展功能。

（2）阐述单元电路的设计过程，并标明元器件的选择及参数计算依据。

（3）根据各单元电路图画出整机电路图。

3.3 交通灯电路设计

3.3.1 交通灯的功能要求

交通灯作为城市交通的重要组成部分,为十字路口车辆的顺畅通过提供了有力保障。十字路口（假设为东西方向和南北方向交叉路口）交通灯控制电路一般具有以下功能:

(1) 绿灯亮表示可以通行,红灯亮表示禁止通行,黄灯亮表示等待。

(2) 东西方向和南北方向交替通行,每次放行 30s,即通行方向绿灯亮 30s。

(3) 每次绿灯变红灯时,黄灯先亮 5s(此时另一方向的红灯仍然亮)。

(4) 十字路口需设有时间显示牌,作为当前亮灯的时间提示。

3.3.2 总体组成框图

根据交通灯电路的基本功能,电路组成可以分成时间显示和红绿灯管理两部分,如图 3-3-1 所示。其中,时间显示的主要任务是按照设计要求以倒计时方式控制显示时间;红绿灯管理的主要任务是控制不同方向红灯、黄灯、绿灯的"亮"和"灭"。

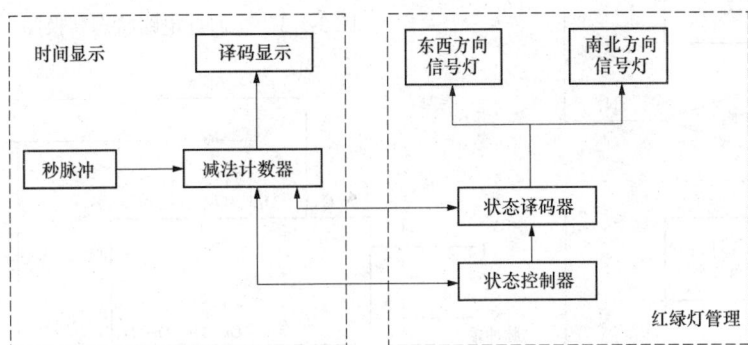

图 3-3-1 交通灯原理框图

3.3.3 电路设计

1. 状态控制器

状态控制器主要用来实现对东西方向、南北车辆运行状态的控制。根据设计要求,东西方向和南北方向各有红、黄、绿三色灯,在正常工作时,它们的工作顺序应该如图 3-3-2 所示。

十字路口交通灯的状态转换依次为东西方向绿灯亮、南北方向红灯亮,东西方向红灯亮、南北方向黄灯亮,东西方向红灯亮、南北方向绿灯亮,东西方向黄灯亮、南北方向绿灯亮,这四个状态分别用 S_0、S_1、S_2、S_3 表示,可得到如图 3-3-3 所示的状态转换图。

根据交通灯电路状态转换图可以得出状态转换编码表,见表 3-3-1。

表 3-3-1 交通灯状态转换编码表

状态顺序	现态		次态	
S_0	0	1	1	0
S_1	1	0	1	1
S_2	1	1	0	0
S_3	0	0	0	1

为了实现表中四个状态的自动循环，本设计中选用 3.2 节中介绍的计数器 74LS160 来实现。电路如图 3-3-4 所示。

2. 状态译码器及信号灯控制电路

状态译码器的主要功能是根据状态控制器当前的状态，点亮相应的信号灯，指挥东西方向、南北方向的行人和车辆。

由图 3-3-2 可知，东西方向、南北方向上红、黄、绿灯的亮灭状态主要取决于状态控制器的输出状态。

根据设计要求，状态控制器输出与交通信号灯之间的关系见表 3-3-2。

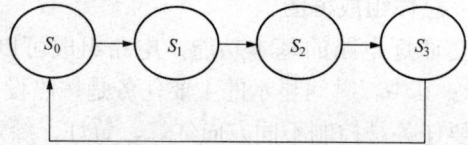

图 3-3-3　交通灯电路状态转换图

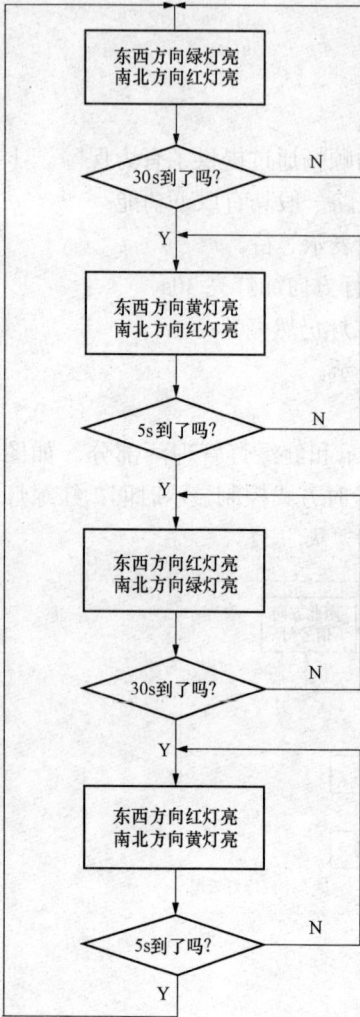

图 3-3-2　交通灯电路工作顺序流程图

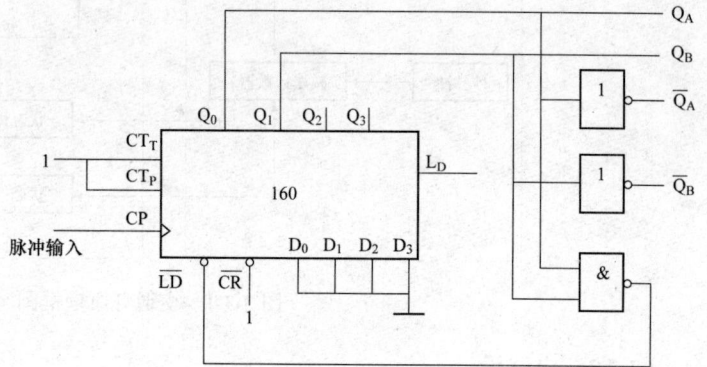

图 3-3-4　交通灯状态控制器

表 3-3-2　　　　信 号 灯 状 态 真 值 表

状态控制器输出		东西方向信号灯			南北方向信号灯		
Q_B	Q_A	R（红）	Y（黄）	G（绿）	r（红）	y（黄）	g（绿）
0	0	1	0	0	0	1	0
0	1	0	0	1	1	0	0
1	0	0	1	0	1	0	0
1	1	1	0	0	0	0	1

注　信号灯亮为 1，信号灯灭为 0。

本设计中用发光二极管代替红、黄、绿三个信号灯。由于 74 系列门电路带灌电流负载能力比带拉电流的能力强，因此当门电路输出低电平时，点亮相应的发光二极管。根据表 3-3-2，得到信号灯的逻辑函数表达式如下：

$$\overline{R}=\overline{Q_B \oplus Q_A}$$

$$\overline{Y}=\overline{Q_B \cdot \overline{Q_A}}$$

$$\overline{G}=\overline{\overline{Q_B} \cdot Q_A}$$

$$\overline{r}=\overline{Q_B \oplus Q_A}$$

$$\overline{y}=\overline{\overline{Q_B} \cdot \overline{Q_A}}$$

$$\overline{g}=\overline{Q_B \cdot Q_A}$$

因此，得到信号灯电路如图 3-3-5 所示。

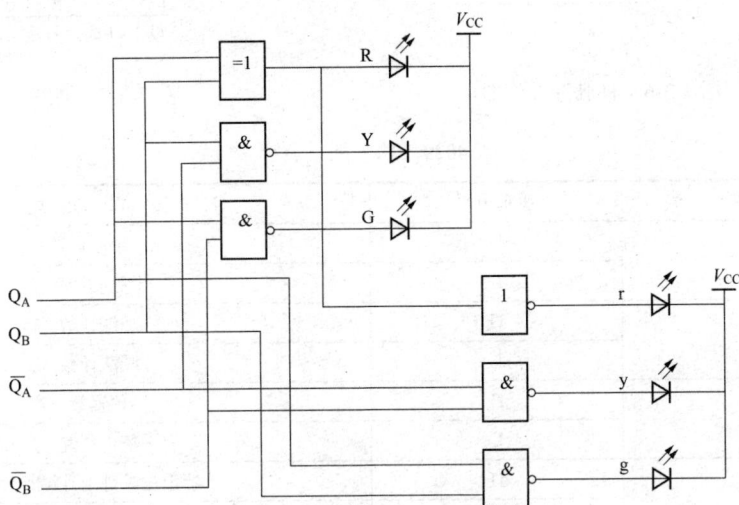

图 3-3-5　交通灯控制电路

3. 秒脉冲发生器

产生计时电路的秒脉冲信号。

产生秒脉冲的电路有多种形式，本设计中选用 555 定时器组成秒脉冲发生器。

该电路的输出脉冲周期为

$$T \approx 0.7(R_1+R_2+R_4)C_1$$

令 $T=1s$，取 $R_1=R_2=50M\Omega$，$R_4=5M\Omega$，$C_1=10nF$。在调试过程中，调节可调电阻 R_4，可调节输出脉冲的占空比。设计的秒脉冲发生器如图 3-3-6 所示。

4. 减法计数器和置数控制

减法计数器实现倒计时功能，当倒计时结束，发出脉冲信号给状态控制器，将交通灯显示切换到下一个状态。减法计数器的初始值通过置数控制端得到。

在此设计中，选用加减法计数器 4029 实现 2 位十进制可预置减法计数器功能。4029 的逻辑符号如图 3-3-7 所示。

4029 是一个具有预进位功能的 4 位二进制或 BCD 码十进制加/减计数器。当 PE 为高电平时，P0～P3 预置计数器为任何状态，当 PE 为低电平时，对计数器清零。当 CI 和 PE 均为低电平时，在时钟上升沿计数器计数。CO 一般为高电平，只有在加至最大或减至最小时，为低电平。计数器闲置时，CI 端需与电源相连，当 BIN/DEC 为高电平时，以二进制计数；

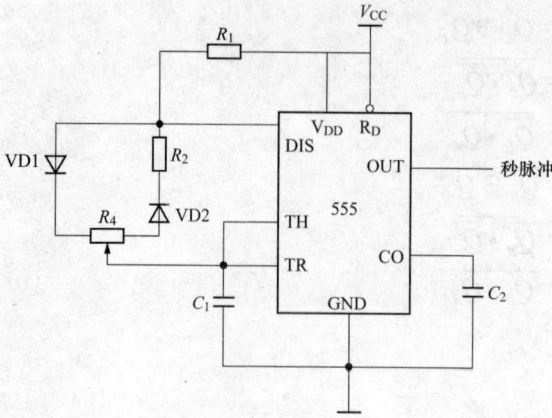

图 3-3-6 秒脉冲发生器

反之，以十进制计数。UP/DN 为高电平时，为加计数器；反之，为减计数器。4029 功能表见表 3-3-3。

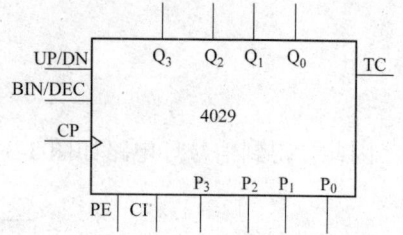

图 3-3-7 4029 逻辑符号

表 3-3-3 4029 功能表

输入控制端	逻辑电平	逻 辑 功 能
BIN/DEC	H	二进制计数
	L	十进制计数
UP/DN	H	加法计数
	L	减法计数
PE	H	预置数
	L	禁止预置
CI	H	禁止在时钟上升沿计数
	L	允许在时钟上升沿计数

由于本设计中需要对减法计数器进行预置数，因此选用双向三态门 74LS245 来实现。74LS245 逻辑符号如图 3-3-8 所示。

74LS245 内部含有 8 个双向三态门，使用简单方便，其功能表见表 3-3-4。

表 3-3-4 74LS245 逻辑功能

输 入		逻辑功能
选通信号 G	定向控制 DIR	
L	L	B 数据到 A 总线
L	H	A 数据到 B 总线
H	×	未选中该芯片

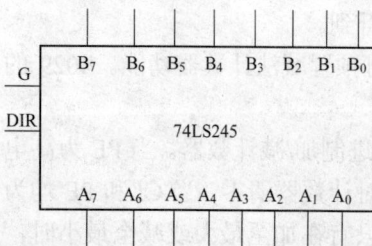

图 3-3-8 74LS245 逻辑符号

由图 3-3-2 可知，本设计中需要预置两个初始值，分别是 30s 和 5s。预置到减法计数器的时间常数由两片双向三态门 74LS245 来实现。两片 74LS245 的输入数据分别接入 0011000、00000101。当减法计数器处于置数工作状态时，被选中的 74LS245 将数据置入减法计数器，74LS245 由其选通信号端的电平决定其是否被选中。根据设计要求可得出状态控制器输出与 74LS245 选通信号之间的真值表，见

表 3-3-5。

表 3-3-5   状态控制器与选通信号真值表

状态控制器输出		预置数据选通信号	
Q_B	Q_A	Y_{30s}	Y_{5s}
0	0	1	0
0	1	0	1
1	0	1	0
1	1	1	1

由表 3-3-5 可知

$$Y_{30S}=\overline{\overline{Q_B}Q_A}=\overline{G}$$

$$Y_{5S}=\overline{Q_A}$$

当状态控制器在 Q_BQ_A 为 01 时，减法计数器应该从初始值 30 开始计数，因此应用 $\overline{G}$ 去控制输入数据接十进制数 30 的 74LS245 的选通信号；同理，当状态控制器在 Q_BQ_A 为 10 和 00 时，减法计数器应该从初始值 5 开始计数，因此应用 $\overline{Q_A}$ 去控制输入数据接十进制数 5 的 74LS245 的选通信号。由此，得到交通灯置数控制电路如图 3-3-9 所示。

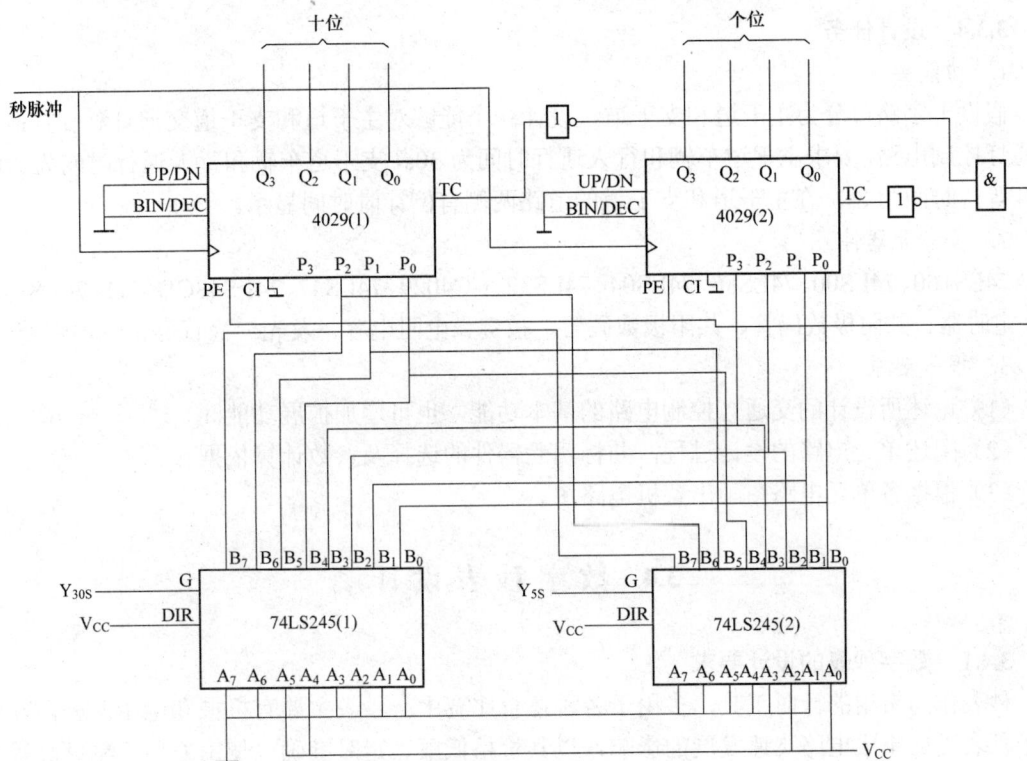

图 3-3-9   交通灯置数控制电路

5. 译码、显示

减法计数器的输出为 8421BCD 码，经 BCD 译码器译码，点亮数码管。

本设计中选用共阴极数码管，因此选用与之匹配的显示译码驱动器 74LS48。电路图如图 3-3-10 所示。

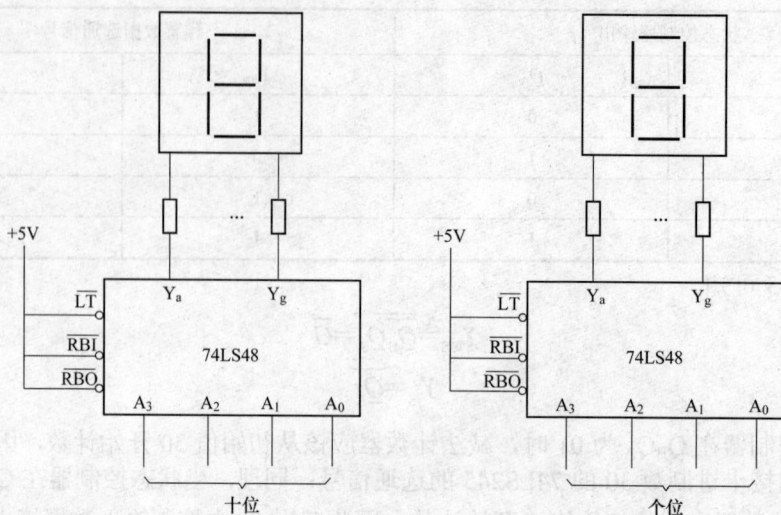

图 3-3-10 显示电路

3.3.4 设计任务

1. 功能要求

假设十字路口分为主干道和支干道，设计一个能够对主干道和支干道交通灯独立控制的交通灯控制电路，要求主干道车辆和行人通行时间为 30s，支干道车辆和行人通行时间为 20s，黄灯等待时间为 8s，在主干道和支干道的道路两侧有倒计时时间显示。

2. 参考元器件

74LS160、74LS00、74LS86、74LS04、74LS32、CC4029、74LS47、74LS48CD4511、74LS192、555 定时器、共阴极数码管、共阳极数码管、按键、电阻电容、发光二极管等常规器件若干。

3. 报告要求

（1）论述所设计的交通灯控制电路的基本功能，也可增加扩展功能。

（2）阐述单元电路的设计过程，并标明元器件的选择及参数计算依据。

（3）根据各单元电路图画出整机电路图。

3.4 数字秒表设计

3.4.1 数字秒表的设计要求

秒表作为常用的计时工具，多用于各种体育比赛中。秒表主要有机械和电子两种，其中电子秒表受到集成电路飞速发展的影响，以其价格低廉、走时准确、使用方便、精度高等优势，被人们广为使用。

本设计实现具有如下设计要求的数字秒表：

（1）具有启动和停止的功能，停止后秒表应保留所计时之值。

（2）具有清零功能。

（3）计时范围 0～1h。

（4）用数码管显示时间。

3.4.2 总体功能框图

数字秒表主要由计数器、译码器、显示器等部分组成，为了便于计时和观看记录的时间，数字秒表还应设有暂停和清零功能，基本原理如图 3-4-1 所示。

3.4.3 电路设计

1. 秒脉冲产生电路

当数字系统需要频率稳定的时钟脉冲时，有 555 定时构成的多谐振荡器很难达到要求，石英晶体振荡器频率稳定、精度高，因此本设计选用石英晶体振荡器作为秒脉冲发生器。

石英晶体的阻抗频率特性如图 3-4-2 所示，只有外界信号的频率 f 和石英晶体的固有谐振频率 f_0 相同时，石英晶体才呈现极低的阻抗，否则阻抗很高。秒脉冲产生电路如图 3-4-3 所示，G1 和 G2 为 CMOS 反相器，G1 组成输出频率为 $f=32768Hz$ 的石英晶体多谐振荡器，G2 为整形电路，经过 15 级边沿 D 触发器组的分频电路后，FF15 的 Q15 输出端得到稳定度很高的 1Hz 秒脉冲信号。

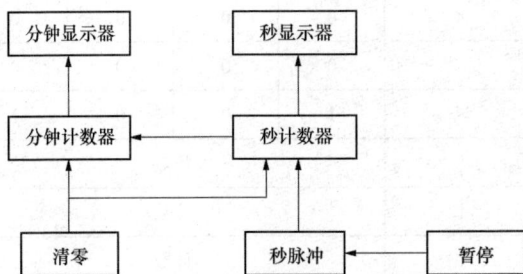

图 3-4-1 数字秒表原理框图

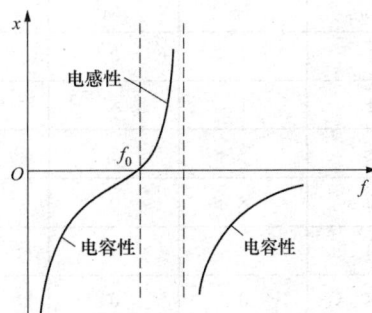

图 3-4-2 石英晶体阻抗频率特性

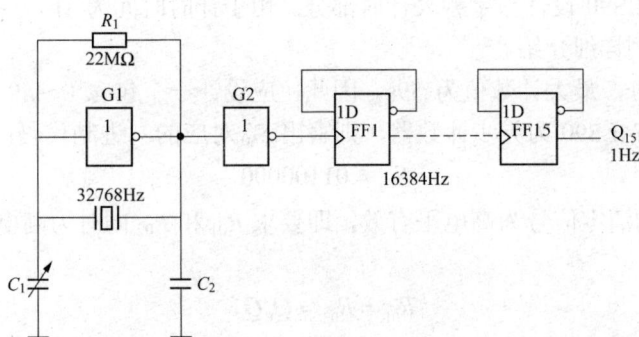

图 3-4-3 秒脉冲产生电路

2. 暂停、清零电路

当数字秒表需要重新计时时，按清零键将计数器及显示部分清零，此外，当需要暂停时按暂停键，暂时停止计数脉冲，使数字秒表电路暂时停止计时功能。暂停、清零电路如图 3-4-4 所示。

3. 计时显示电路

计时显示电路主要实现对秒脉冲的计数和将当前记录的时间在数码管上正确的显示出来

的功能。本设计选用异步二-五-十进制计数器芯片 74LS90 作为计时电路，74LS90 逻辑符号如图 3-4-5 所示，其功能表见表 3-4-1。

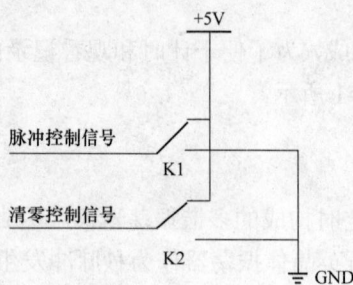

图 3-4-4　暂停、清零电路

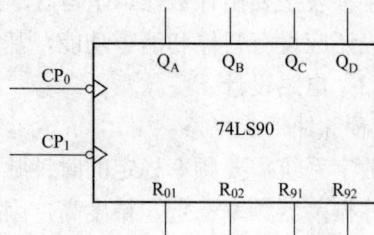

图 3-4-5　74LS90 逻辑符号

表 3-4-1　　　　　　　　　　　　　74LS90　功　能　表

复位输入		置位输入		时钟	输出			
R_{01}	R_{02}	R_{91}	R_{92}	CP	Q_A	Q_B	Q_C	Q_D
1	1	0	×	×	0	0	0	0
1	1	×	0	×	0	0	0	0
×	×	1	1	×	1	0	0	1
0	×	0	×	↑	计数			
0	×	×	0	↑	计数			
×	0	0	×	↑	计数			
×	0	×	0	↑	计数			

　　下面介绍用 74LS90 设计数字秒表计时部分。由于计时时间为 1h，因此分为分钟和秒两部分，下面以秒为例详细介绍。

　　在秒的计时部分，最大计数值为 59s。因此，应设计一个包含 0～59 共 60 个状态的 60进制计数器。由于 74LS90 为异步计数器，则写出 S_{60} 对应的二进制代码：

$$S_{60} = 01100000$$

　　由于 74LS90 的清零信号为高电平有效，即要求 R_{01} 和 R_{02} 同时为高电平 1 是计数器才能被清零，因此有

$$R_{01} = R_{02} = Q_B Q_C$$

　　由此，得到秒计时部分电路原理图如图 3-4-6 所示。其中，74LS90（1）为个位片，74LS90（2）为十位片，74LS90（1）的二进制计数器的输出 Q_A 接五进制计数器的脉冲端 CP_1，当 74LS90（1）的输出 $Q_D Q_C Q_B Q_A$ 为 1001 时，再来一个计数脉冲，Q_D 将产生上升沿，将其接 74LS90（2）的 CP_0，当计数值达到 59 时，再来一个计数脉冲，两个74LS90 全部清零。其中，为了能够验证此计数器包含 60 个状态，将清零端接无效电平，即高电平。

　　显示部分取用共阳极七段数码管，因此应选用能驱动共阳极数码管的显示译码器

74LS47。74LS47 逻辑符号如图 3-4-7 所示，其逻辑功能可参阅相关手册。

将数字秒表的秒计时和分钟计时分别接入显示电路，如图 3-4-8 所示，即可实现计时显示。

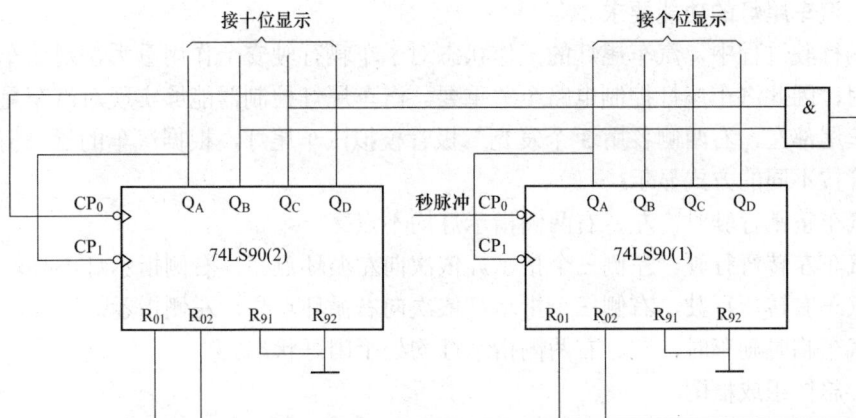

图 3-4-6 秒计时电路原理图

3.4.4 设计任务

1. 功能要求

设计一个具有暂停和清零功能的数字秒表，计时满 59s 时可以进位至分钟，最大计时范围 1h，计时到有响铃提醒功能。

2. 参考元器件

74LS90、74LS00、74LS86、74LS04、74LS32、74LS47、74LS48、CD4511、555 定时器、石英晶体振荡器、共阴极数码管、共阳极数码管、电阻、电容、发光二极管等常规器件若干。

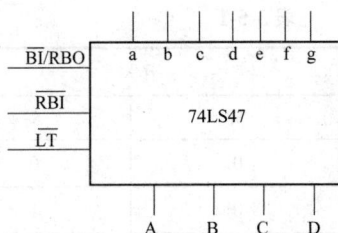

图 3-4-7 74LS47 逻辑符号

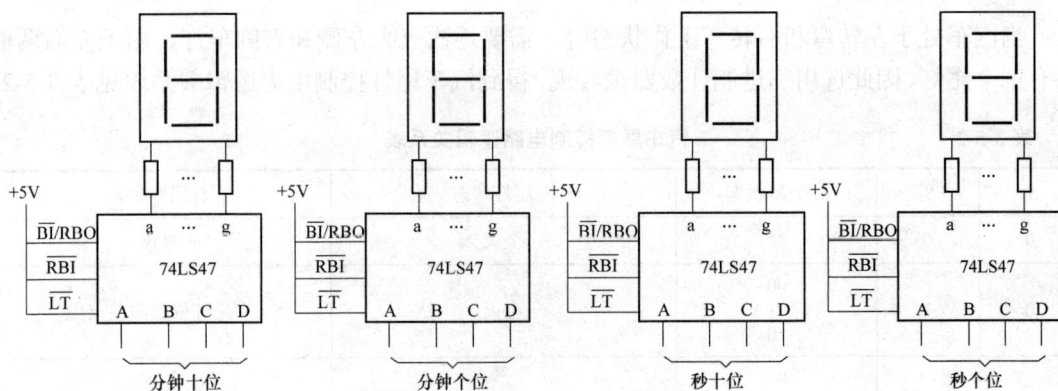

图 3-4-8 数字秒表显示电路

3. 报告要求

（1）论述所设计的数字秒表的基本功能，也可增加扩展功能。

（2）阐述单元电路的设计过程，并标明元器件的选择及参数计算依据。

（3）根据各单元电路图画出整机电路图。

3.5　汽车尾灯控制电路设计

3.5.1　汽车尾灯的功能要求

在车辆行驶过程中，汽车尾灯的工作状态对于车辆行驶安全作用重大，对后车起到很大的提醒作用，因此汽车尾灯控制电路至关重要。汽车尾灯控制器能够实现对汽车尾灯状态的控制。汽车尾部左、右两侧各用 3 个发光二极管模拟汽车尾灯，根据汽车的行驶情况，三个发光二极管按不同的方式显示：

（1）汽车正常行驶时，左、右两侧指示灯均不点亮。

（2）汽车左转弯行驶，左侧三个指示灯依次向左循环点亮，右侧指示灯不亮。

（3）汽车右转弯行驶，右侧三个指示灯依次向右循环点亮，左侧指示灯不亮。

（4）汽车临时刹车时，左、右两侧指示灯均处于闪烁状态。

3.5.2　总体组成框图

根据汽车尾灯控制电路的功能要求，汽车尾灯共有四种工作状态，状态控制电路可以用两个开关 S_0、S_1 来实现，开关的工作状态模拟汽车尾灯的四个工作状态，见表 3-5-1。

表 3-5-1　　　　　　　　　　开关与汽车尾灯工作状态对应关系

开关		汽车尾灯工作状态
S_1	S_0	
0	0	汽车正常行驶
0	1	汽车右转弯
1	0	汽车左转弯
1	1	临时刹车

当汽车处于左转弯和右转弯工作状态时，需要逐次点亮左侧和右侧车灯，由于左右两侧各有三个尾灯，因此选用三进制计数器来实现，得到汽车尾灯控制电力逻辑关系表见表 3-5-2。

表 3-5-2　　　　　　　　　　汽车尾灯控制电路逻辑关系表

S_1	S_0	计数器状态	左尾灯状态	右尾灯状态
0	0	**	全灭	全灭
0	1	00 01 10	全灭	右尾灯依次向左点亮
1	0	00 01 10	左尾灯依次向左点亮	全灭
1	1	**	闪烁	闪烁

由上述分析，汽车尾灯控制电路需要由状态控制器决定汽车尾灯译码驱动电路的工作状态，即实现左转弯尾灯显示、右转弯尾灯显示、正常行驶和临时刹车的尾灯显示。汽车尾灯控制电路原理框图如图 3-5-1 所示。

3.5.3 电路设计

1. 三进制计数器电路设计

尾灯点亮过程中包含三个状态，即三个尾灯依次点亮，因此设计三进制计数器。三进制计数器的设计方法很多，可以通过触发器、计数器来实现。本设计中选用 3.2 节中的计数器 74LS160 实现，得到的三进制计数器电路图如图 3-5-2 所示，具体设计方法不再赘述。

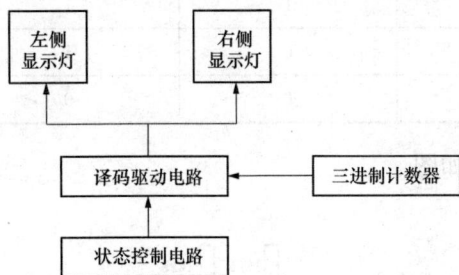

图 3-5-1 汽车尾灯控制电路原理框图

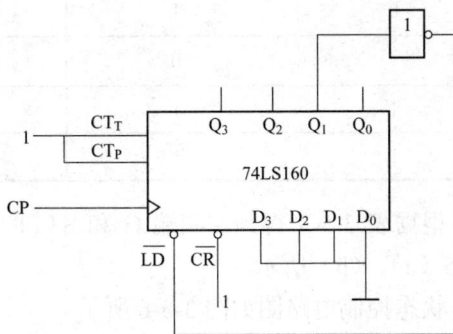

图 3-5-2 三进制计数器

2. 汽车右转弯尾灯显示电路

本设计选用译码器 74LS138 来实现，在右转弯状态时 $S_1=1$，此时令控制端 $C=1$，右侧尾车灯依次点亮，即使 74LS138 的 $\overline{Y_0}$、$\overline{Y_1}$、$\overline{Y_2}$ 依次为有效电平 0。汽车右转弯尾灯显示电路如图 3-5-3 所示。

3. 汽车左转弯尾灯显示电路

当汽车左转弯时，有 $S_1=0$，此时令控制端 $C=1$，左侧尾灯依次点亮，即使 74LS138 的 $\overline{Y_3}$、$\overline{Y_4}$、$\overline{Y_5}$ 依次为有效电平 0。汽车左转弯尾灯显示电路如图 3-5-4 所示。

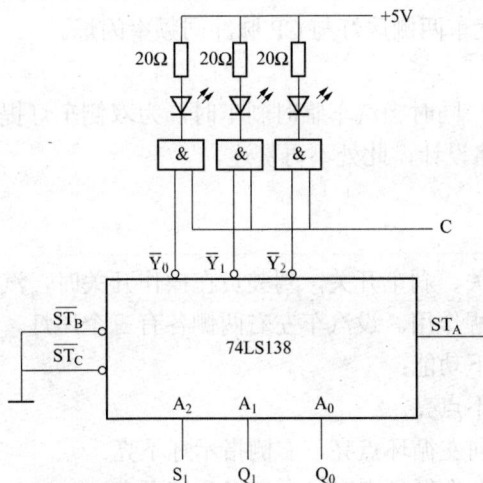

图 3-5-3 汽车右转弯尾灯显示电路

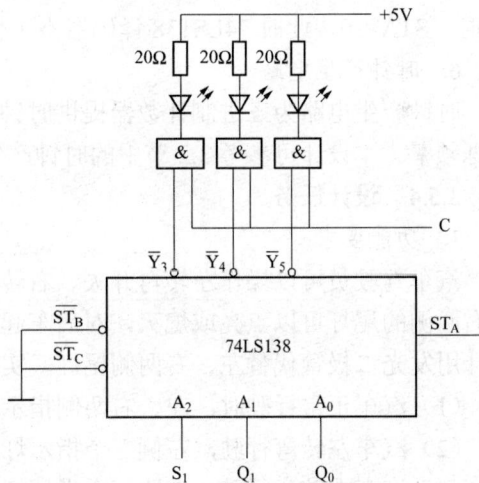

图 3-5-4 汽车左转弯尾灯显示电路

4. 状态控制电路设计

在汽车左转弯尾灯显示电路和右转弯尾灯显示电路中，若汽车处于转弯工作状态，则相应尾灯依次点亮，若汽车处于正常行驶状态，则两侧车灯均不亮，若汽车处于临时刹车状态，则两侧车灯均处于闪烁状态，因此，可得到状态控制电路逻辑功能表，见表 3-5-3。

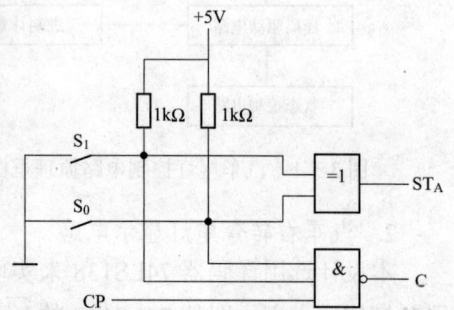

表 3-5-3 状态控制电路逻辑功能表

S_1	S_0	CP	C	ST_A
0	0	×	0	1
0	1	×	1	1
1	0	×	1	1
1	1	1	0	1
1	1	0	0	0

根据表 3-5-3 得到控制端 G 和 ST_A 的卡诺图如图 3-5-5（a）、（b）所示。

状态控制电路图如图 3-5-6 所示。

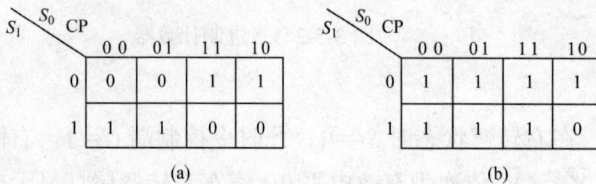

图 3-5-5 控制端卡诺图　　　　　　图 3-5-6 状态控制电路

5. 汽车刹车与停车电路

分析图 3-5-5 和图 3-5-6 可知，当汽车正常行驶，即 $S_1S_0=00$ 时，STA=0，此时 74LS138 译码器不工作，输出均为高电平，因此汽车两侧尾灯均不点亮；当汽车临时刹车，即 $S_1S_0=11$ 时，STA=0，此时 74LS138 译码器不工作，汽车两侧尾灯与 CP 脉冲同频率闪烁。

6. 时钟产生电路

时钟产生电路为三进制计数器提供时钟脉冲，同时当汽车临时刹车时，为双侧车灯提供闪烁频率。本设计可参考 3.2 节中的时钟产生电路设计，此处不再赘述。

3.5.4 设计任务

1. 功能要求

汽车驾驶员可以操作左转弯开关、右转弯开关、刹车开关，驾驶员在操作开关时，汽车左右两侧的尾灯可以点亮或熄灭，对后车起到提醒作用。设汽车左右两侧各有三个尾灯，本设计用发光二极管代替左、右两侧尾灯，实现如下功能：

（1）汽车正常行驶时，左、右两侧指示灯均不点亮。

（2）汽车左转弯行驶，左侧三个指示灯依次向左循环点亮，右侧指示灯不亮。

（3）汽车右转弯行驶，右侧三个指示灯依次向右循环点亮，左侧指示灯不亮。

（4）汽车临时刹车时，左、右两侧指示灯均处于闪烁状态。

2. 参考元器件

74LS00、74LS08、74LS32、74LS10、74LS20、74LS86、74LS160、74LS290、74LS86、555、按键、发光二极管、电阻、电容等常规器件若干。

3. 报告要求

（1）论述所设计的汽车尾灯控制电路的基本功能，也可增加扩展功能。

（2）阐述单元电路的设计过程，并标明元器件的选择及参数计算依据。

（3）根据各单元电路图画出整机电路图。

3.6 电子拔河游戏机电路设计

3.6.1 电子拔河游戏机的功能要求

电子拔河游戏机是由若干个 LED 发光二极管作为电子绳，当参赛的甲乙双方按动按键时，发光二极管左右移动，谁按动开关的频率快，点亮的发光二极管越靠近于那一侧，最先到达终端的选手获胜。

电子拔河游戏机的主要功能如下：

（1）裁判下达比赛开始命令后，甲乙双方可以按键，即开始拔河，否则，双方按键无效。

（2）电子绳由 15 个发光二极管构成，中间的发光二极管是中心点，初始时点亮。

（3）裁判下达比赛开始命令后，甲乙双方开始按键，并阻止对方按键，此时发光二极管向按键方移动，当一方终点的 LED 发光二极管点亮时，比赛结束。

（4）裁判可以控制按键电路，使电路复位，准备下一轮比赛。

（5）在进行多局比赛时，通过显示电路读出双方比赛结果。

3.6.2 总体组成框图

电子拔河游戏机总体组成框图如图 3-6-1 所示，裁判发出比赛开始信号后，甲乙双方按键信号通过整形电路分别送到加/减法可逆计数器的加/减法计数脉数输入端，译码器输入端接计数器输出，译码器输出端接电子绳，同时通过数码管显示甲乙双方得分。

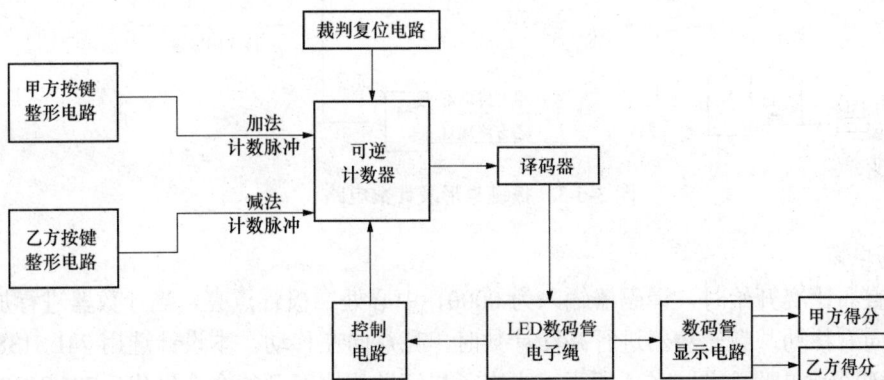

图 3-6-1 电子拔河游戏机原理框图

3.6.3 电路设计

1. 按键整形及计数电路

甲乙双方分别控制 A、B 按键，设甲控制按键 A，乙控制按键 B。若直接将 A、B 按键产生的脉冲连接加/减法计数器的时钟脉冲输入端，则有可能在进行计数输入时另一个计数输入端为低电平，导致计数器不能计数，双方按键均无效，拔河比赛不能正常进行。因此加一整形电路，使 A、B 按键得到的计数脉冲占空比较大，从而保证按键得到的脉冲能够有效计数。

本设计选用加/减法计数器 74LS193 实现，逻辑符号如图 3-6-2 所示。74LS193 具有两个时钟脉冲输入端，进行加法计数时，令 $CP_D=1$，计数脉冲从 CP_U 输入；进行减法计数时，令 $CP_U=1$，计数脉冲从 CP_D 输入。当 $RD=1$ 时，不论时钟脉冲状态如何，计数器输出为零；当 $RD=0$，$LD=0$ 时，不论时钟脉冲状态如何，立即将输入端 A、B、C、D 的状态置入计数器的 Q_A、Q_B、Q_C、Q_D。

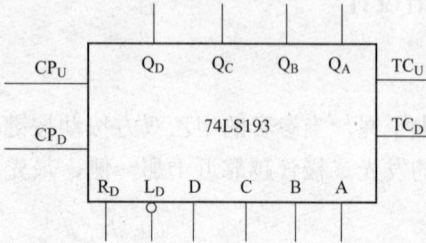

图 3-6-2　74LS193 逻辑符号

按键整形及计数电路如图 3-6-3 所示，比赛开始时，74LS193 输出为 0，当甲方按键，74LS193 进行加法计数，当乙方按键，74LS193 进行减法计数。当甲乙双方有任何一方到达电子绳终端时，74LS193 停止计数。

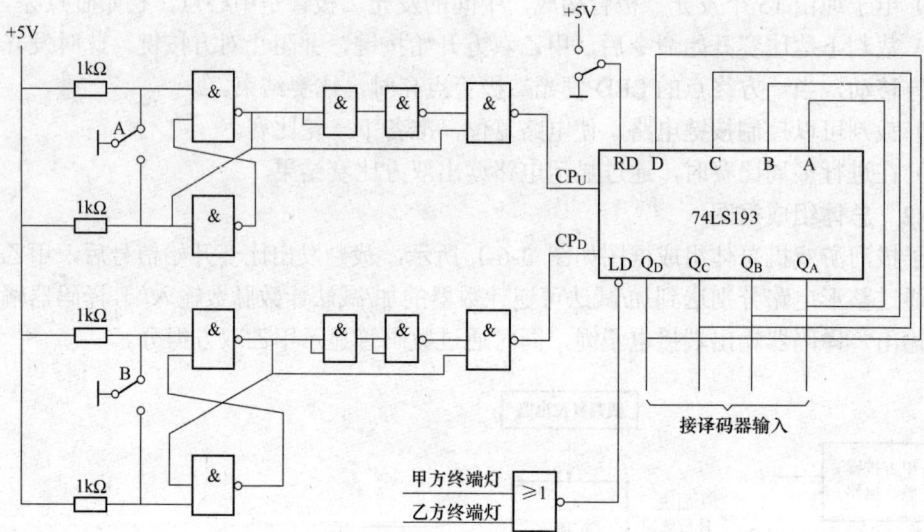

图 3-6-3　按键整形及计数电路

2. 译码电路

当裁判宣布比赛开始时，译码器输入为 0000，中心处二极管点亮，当计数器进行加法计数时，亮点向右移动，当计数器进行减法计数时，亮点向左移动。本设计选用 74LS138 组成 4 线-16 线译码器，电路如图 3-6-4 所示。当电子拔河游戏比赛开始命令发出，74LS138（1）的数据输入端为 000，此时只有中心点处二极管点亮，其他二极管均不发光，若甲方按键快于乙方，则进行加法计数，此时 74LS138（1）的 Y_1 对应的放光二极管点亮；若乙方按键快于甲方，则进行减法计数，此时 74LS138（2）的 Y_7 对应的放光二极管点亮。依次类推，实现译码功能。

3. 结果显示电路

将电子绳上的甲乙双方终端 LED 灯接至计数器的计数脉冲输入端，任何一方终端的 LED 灯被点亮，则相应的数码管显示值加 1，由此实现双方取胜次数的显示，电路如图 3-6-5 所示。

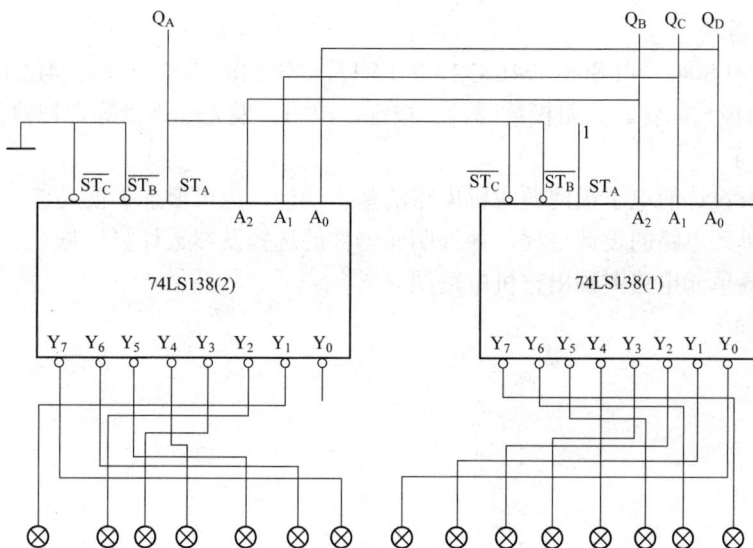

图 3-6-4 译码电路设计

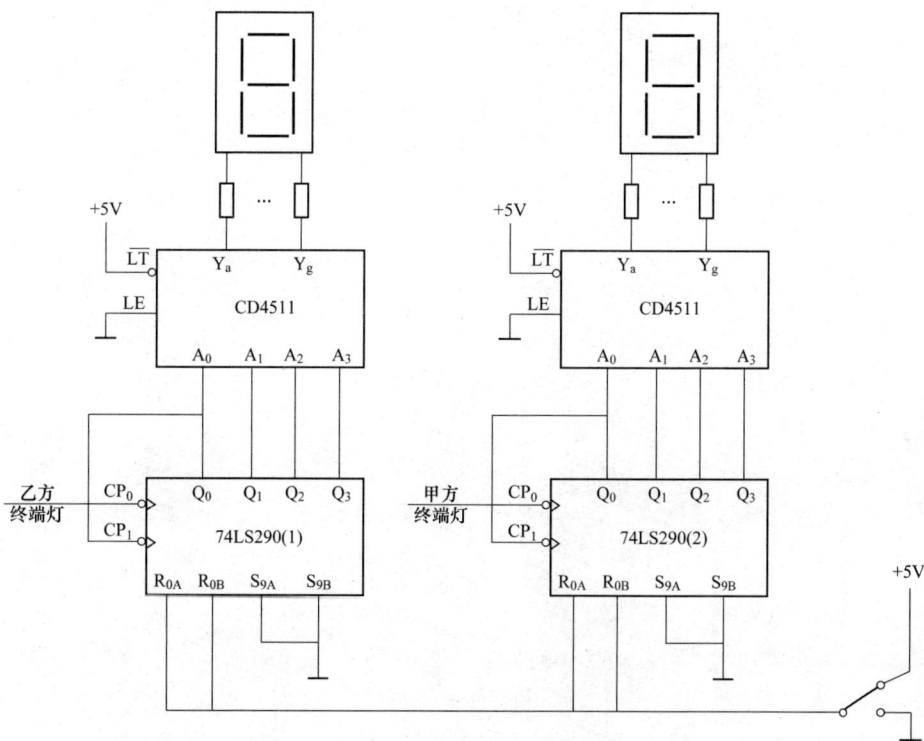

图 3-6-5 胜负显示电路

3.6.4 设计任务

1. 功能要求

电子拔河游戏机将 15 个或者 9 个发光二极管排成一行，裁判发出游戏开始命令后，甲乙双方开始按键，从中心点开始逐次向左或向右依次点亮发光二极管，最先到达终端的一方获胜，并将获胜局数通过数码管显示。

2. 参考元器件

74LS00、74LS04、74LS08、74LS32、74LS47、74LS48、74LS138、74LS160、74LS193、74LS290、共阴极数码管、共阳极数码管、按键、电阻、发光二极管等常规器件若干。

3. 报告要求

（1）论述所设计的电子拔河游戏机电路的基本功能，也可增加扩展功能。

（2）阐述单元电路的设计过程，并标明元器件的选择及参数计算依据。

（3）根据各单元电路图画出整机电路图。

第 4 章　数字电路 EDA 实验系统

4.1　系　统　组　成

AEDK-EDA 实验系统由实验机结合可编程技术开发而成，适用于 Xilinx、Lattice、Altera 等多种芯片教学实验，可使用 ABLE、VHDL、原理图、状态图多种方式设计，通过实验加深对前后级仿真结果的印象。

本实验系统由大规模可编程芯片为核心实验机外配辅助实验模块及微控制器和通信接口及选配件组成，如图 4-1-1 所示。

该实验系统，一般需要通过 PC 机才能完成所有功能的运行，又可以通过串口接 PC 机调试通信实验。

系统需求：Pentium 或相应处理器以上；32M 内存；有一个空余的并行口；200M 以上空余硬盘空间；Windows98 操作系统。

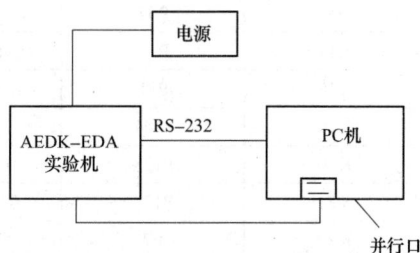

图 4-1-1　实验系统组成

4.2　AEDK–EDA 实验机布局

AEDK-EDA 实验机布局，如图 4-2-1 所示。在系统板上，有两个插座 XP1、XP2，可以插入不同型号的适配卡。

在 EDA-A2 型适配卡上，安装了 ALTERA EPF10K20 芯片，EPF10K20 芯片共有 144 个引脚，其中有 102 个引脚可以任意使用，它们一般称为 I/O 引脚，如图 4-2-2 所示。

将该适配卡插入到 XP1、XP2 插座后，EPF10K20 芯片的引脚即与系统板上的各种电路组合连接到了一起，并且由系统板为 EPF10K20 芯片供电。

在 EDA-A2 型适配卡上，还为每个 I/O 引脚提供了"外接插孔"和"跳线开关"，只有在"跳线开关"接通时，I/O 引脚才和"外接插孔"连通。

本实验设备上的是 ALTERA EPF10K20 芯片中的 EPF10K20TC144-4 芯片。

EDA-A2 适配卡中 EPF10K20 芯片引脚与各种电路组合之间的信号连接见表 4-2-1。

表 4-2-1　　　　　　　　EDA-A2 适配卡（EPF10K20TC144-4 芯片）

输入信号	芯片引脚	说明	输出信号	芯片引脚	说明
K1	P41		OUT1	P116	
K2	P42		OUT2	P114	
K3	P43		OUT3	P113	
K4	P44		OUT4	P112	
K5	P46		OUT5	P111	
K6	P47		OUT6	P110	

输入信号	芯片引脚	说明	输出信号	芯片引脚	说明
K7	P48		OUT7	P109	
K8	P49		OUT8	P102	
K9	P51		OUT9	P101	
K10	P59		OUT10	P100	
K11	P60		OUT11	P99	
K12	P62		OUT12	P98	
K13	P63		OUT13	P97	
K14	P64		OUT14	P96	
K15	P65		OUT15	/	
K16	P67		OUT16	/	
K17	P14	INIT_DONE	OUT17	P95	
K18	P11	RDY_/BUY	OUT18	P92	
K19	P141	/RS	OUT19	P91	
K20	P128	DEV_OE	OUT20	P90	
K21	P122	/DEV_CLR	OUT21	P89	
K22	P7	CLKUSR	OUT22	P88	
K23	P124	IN	OUT23	P87	
K24	P126	IN	OUT24	P86	
RESET	P31		LED_A	P72	
1M	P125	GCLK0	LED_B	P73	
CLK1	P55	GCLK1	LED_C	P78	
CLK2	P26		LED_D	P79	
EDGE1	P22		LED_E	P80	
EDGE2	P23		LED_F	P81	
PULSE1	P20		LED_G	P82	
/PULSE2	P21		LED_DP	P83	
KEYIN1	P54	IN			
KEYIN2	P56	IN	LED_SA	P68	
/COMPOUT	P32		LED_SB	P69	
/EOC	P33		LED_SC	P70	
/RD	P38				
/WR	P36				
ALE	P37				
AD0	P140		A0	P19	
AD1	P138		A1	P18	
AD2	P137		A2	P17	
AD3	P136		A3	P13	
AD4	P135		A4	P12	
AD5	P133		A5	P10	
AD6	P132		A6	P9	

续表

输入信号	芯片引脚	说明	输出信号	芯片引脚	说明
AD7	P131		A7	P8	
			A8	P144	/CS
MARR1	/		A9	P143	CS
MARR2	/		A10	P130	
MARR3	/		A11	P121	
MARR4	/		A12	P120	
MARR5	/		A13	P119	
MARR6	/		A14	P118	
MARR7	/		A15	P117	
MARR8					
SELMLED	P39		/CSLCD	P30	
			/CSMEM	P29	
			/CS0832	P27	
			/CS0809	P28	

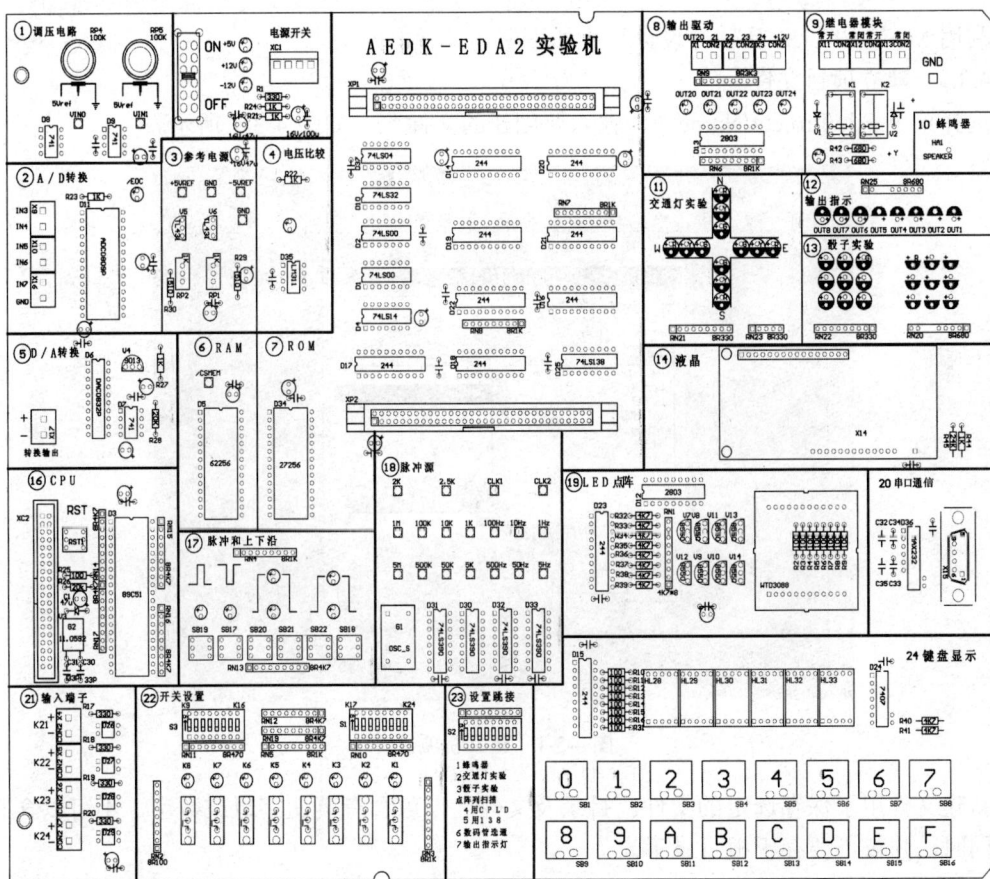

图 4-2-1　AEDK-EDA 系统布局图

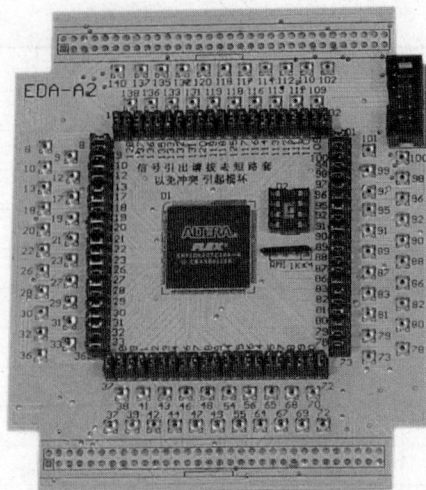

图 4-2-2   适配卡的布局图

4.3   MAX＋PLUS Ⅱ软件操作及实验准备

利用 MAX＋PLUS Ⅱ软件设计流程如下所述。

4.3.1   建立项目文件

选择菜单 File/Project/Name…，输入要创建的文件名，如图 4-3-1 所示。

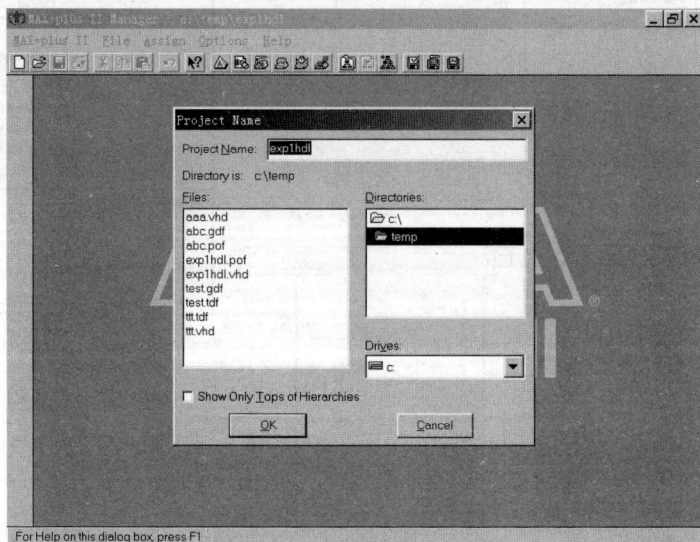

图 4-3-1   建立新项目

新建文件用于保存选定的文件。目录及文件名仅可含有英文字母或数字，不可以含有中文。同时，建议不要存于根目录下。

4.3.2   建立设计文件

选择菜单 File/New…，单击 Graphic Editor file 选择原理图输入方式或单击 Text Editor file

选择文本输入方式，并保存，如图 4-3-2 所示。

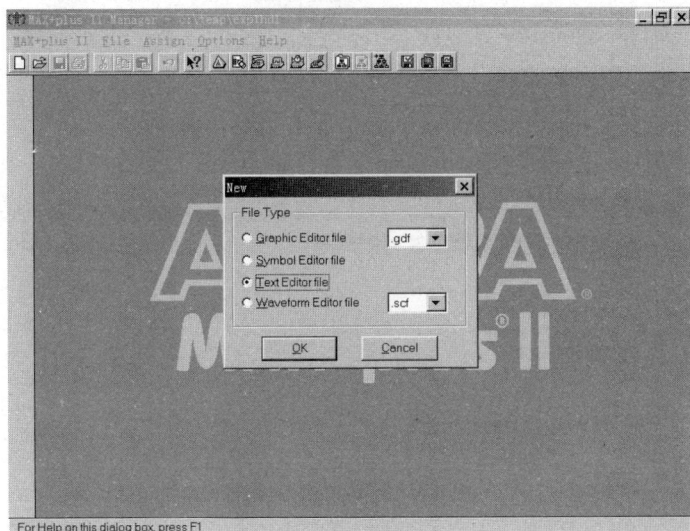

图 4-3-2　建立新文件

4.3.3　原理图输入

1. 元件输入

在 GDF 文件空白处双击鼠标左键，在弹出的对话框中选择要输入的元件，如 INPUT、OUPUT、VCC 等。

2. 建立连线

把鼠标移到要连接的元件处，鼠标会自动变成"十"形状，按住鼠标左键并拖动鼠标，即可画出连线，如图 4-3-3 所示。

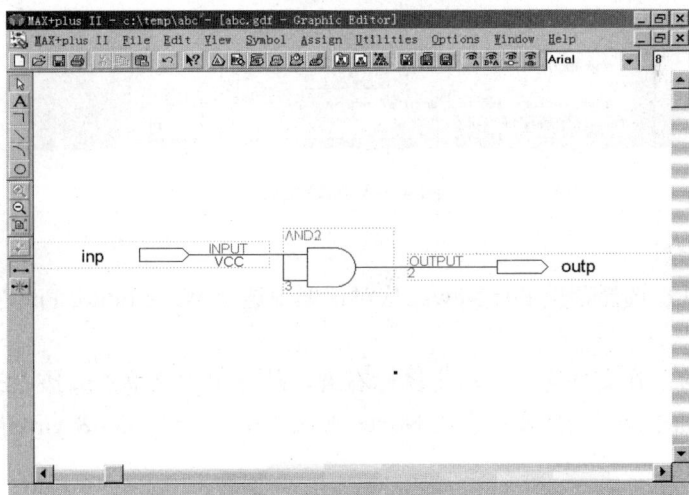

图 4-3-3　原理图输入界面

4.3.4　文本输入

文本输入界面如图 4-3-4 所示。

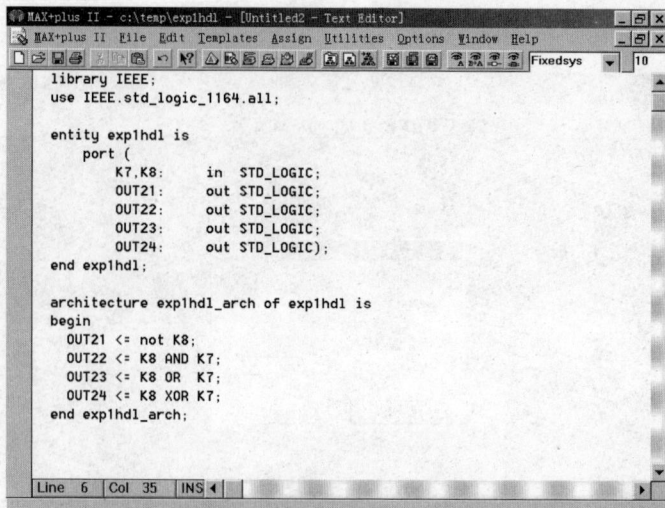

图 4-3-4　文本输入界面

4.3.5　编译文件

选择菜单 MAX＋PLUS Ⅱ/Compiler，按 "START" 进行编译，显示编译结果，如图 4-3-5 所示。

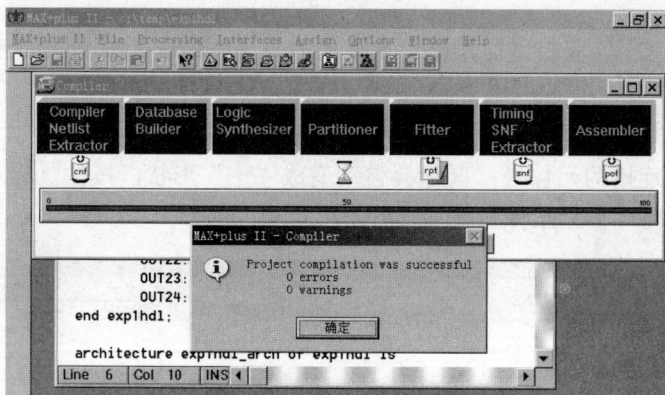

图 4-3-5　编译文件

4.3.6　软件仿真

建立仿真文件：选择菜单 File/New，从对话框中选择 Wave Editor File，按 "OK"，并保存该文件。

输入仿真信号：在文件空白处单击鼠标右键，从弹出的菜单中选择 "Enter Nodes from SNF…"，单击按钮 "List"，把要仿真的 Nodes 加入 "Selected Nodes & Groups" 栏，按 "OK" 退出。

设置仿真波形：利用界面左侧的图标，对 Input Nodes 进行波形设置。

运行仿真文件：选择菜单 MAX＋PLUS Ⅱ/Simulator，在弹出的对话框中按下 "Start" 按钮，运行仿真文件。

观察仿真结果：按下 Simulator 对话框中的 "Open SCF" 按钮，打开仿真文件，观察仿真结果。

4.3.7　管脚编译

选择菜单 MAX＋PLUS II /Assign/Pin/Location/Chip，在此窗口指定芯片型号、管脚锁定。如图 4-3-6 所示。

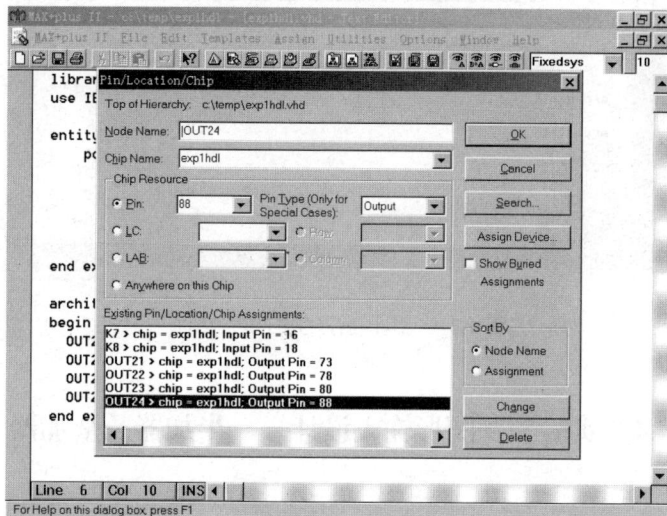

图 4-3-6　管脚编译

管脚分配以后，必须重新编译才能进行下载；在器件选择不是 AUTO 时才可进行管脚分配。

4.3.8　器件下载

利用 JTAG 方式下载器件。

选择菜单 MAX＋PLUS II /Programer，按下 Program 就可以对工程编译产生的文件进行编程，如图 4-3-7 所示。

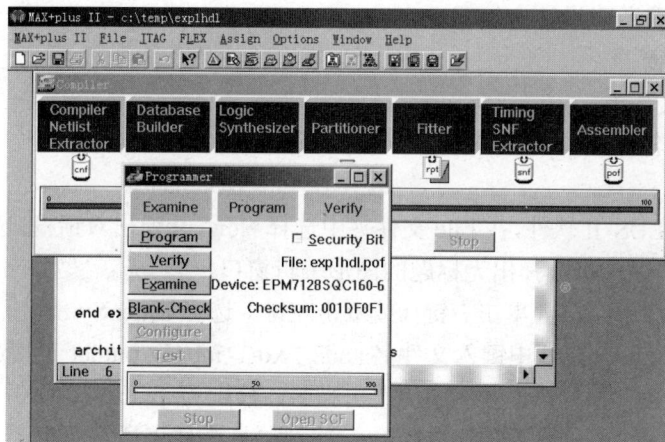

图 4-3-7　下载器件

在设计过程中产生的任何相关文件都可以按 MAX＋plus II /Hierarchy Display 选项，这时出现的 Hierarchy Display 窗口中显示出来，如图 4-3-8 所示。

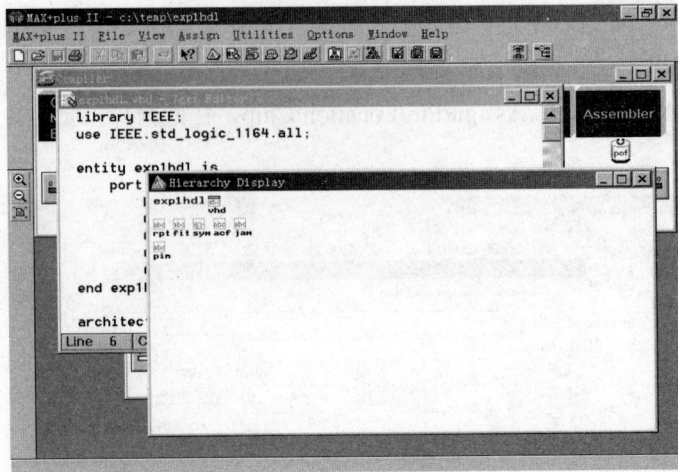

图 4-3-8　编译后产生的相关文件

4.4　实验一　图形输入设计——半加器及全加器

4.4.1　实验目的

（1）学习掌握 MAX＋PLUS Ⅱ软件开发平台的使用方法及基本操作。

（2）通过简单电路设计，掌握图形输入设计方法。

4.4.2　实验仪器

（1）AEDK-EDA 实验系统，一套。

（2）实验电脑，一台。

4.4.3　实验内容

（1）学习设计图形输入法设计半加器。

（2）利用半加器图形设计全加器。

4.4.4　实验步骤

1．建立设计文件夹

建立工程文件名为 MY_PRT，存于 E 盘中，即路径为 E:\ MY_PRT。

2．设计项目

启动 MAX＋PLUS Ⅱ软件，在 File 文件夹中选择 New，并弹出对话框，选择 Graphic Editor File，然后单击 OK 键，将会弹出无标题的图形编辑窗口。

在图形编辑窗口中空白处单击右键（或双击左键）选择 Enter Symbol 命令，在元件库中选择元件或者在 symbol name 中键入文件名 and2、xor、input、output 直接选取并接好。双击 input 和 output 的 PIN_NAME 使其选中更改引脚名，分别为 a、b、c0、s0，如图 4-4-1 所示。

单击菜单"File—save as"，通过 Drives 找到项目文件夹所在驱动器（E 盘），并通过 Directories 找到刚刚建立的文件夹（MY_PRT）。双击此文件夹并将设计好的文件取名为 h_adder.gdf，存盘。

3．将当前文件设置成工程文件

当前文件设置成工程文件有两种途径：

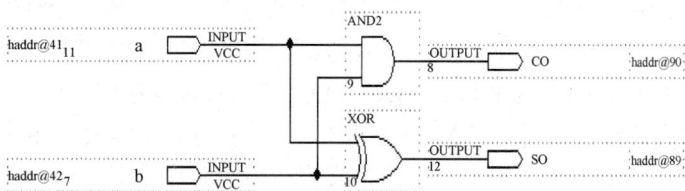

图 4-4-1 半加器原理图

（1）选择菜单"File—Project—Set Project to Current File"。即将当前设计文件设置成 Project。选择此项后可以看到标题栏显示出所设文件的路径。这点特别重要，此后的设计应特别关注此路径的指向是否正确。

（2）如果设计文件未打开，选择"File—Project—Name"命令，然后在弹出的"Project Name"对话框中找到 E:\MY_PRT 目录，在其"File"小窗口中双击 h_adder.gdf 文件，此时即选定此文件为本次设计的工程文件（即顶层文件）。

4. 选择目标器件并编译

在"Assign"菜单中选择器件"Device"项，弹出对话框。在下拉列表框"Device Family"中选择器件系列，首先应该选定目标器件对应的系列名，默认情况下，该对话框显示的均为高速级别的器件，若要显示出所有速度级别的器件，应将该对话框下方标有"Show only Fastest Speed Grades"选项的"√"消去。

实验器件为

```
DEVICE FAMAILY: FLEX 10K
DEVICES: EPF10K20TC144-4
```

最后启动编译器。首先选择"MAX＋PLUS II"主菜单，在其下拉菜单中选择编译器项"Compiler"，此编译器的功能包括网表文件提取、设计文件排错、逻辑综合、逻辑分配、适配（结构综合）、时序仿真文件提取、编程下载文件装配等。单击"Start"按钮，开始编译。如果发现错误，排除错误后需再次编译。

5. 时序仿真

（1）建立波形文件。首先选择菜单"File—New"，再选择"New"对话框中的"Waveform Editer file"项，打开波形编辑窗口。

（2）输入信号节点。在图示的编辑窗口上选择菜单"Node"，在下拉菜单中选择输入信号节点项"Enter Nodes from SNF..."。

在弹出的对话框中首先单击"List"按钮，这时左列表将列出该设计的所有节点信号。设计者有时只需要观察其中部分信号的波形，可利用中间的"=>"按钮将需要观察的信号选到右边窗口中，然后单击"OK"按钮。

（3）设置波形参量。图示的波形编辑窗口中已经调入了半加器的所有节点信号，在为输入信号 a 和 b 设定必要测试电平前，首先设定相关的仿真参数。在"Options"菜单中消去网格对齐项"Snap to Grid"左侧的"√"，以便能够任意设置输入电平位置，或设置输入时钟信号的周期。

（4）设定仿真时间。选择菜单"File—End Time..."，在"End Time"对话框中选择适当的仿真时间域，如 34μs，以便有足够长的观察时间。

（5）设定输入信号。为输入信号 a 和 b 设定测试电平以便仿真后能测试 Y 输出信号。

（6）波形文件存盘。选择菜单"File—Save as"，按"OK"按钮即可。由于图示的保存窗口中的波形文件名是默认的（这里是 h_adder.scf），所以直接存盘即可。

（7）运行仿真器。选择主菜单"MAX＋PLUS Ⅱ"中的仿真器项"Simulator"，单击弹出的仿真器对话框中的"Start"按钮。图示为仿真完成后的时序波形。

（8）观察分析波形。按半加器逻辑功能要求观察仿真波形是否正确，若有错误，需回到设计输入对设计进行修改。

（9）为了精确测量半加器输入与输出波形间的延时量，可打开时序分析器。方法是选择主菜单"MAX＋plus Ⅱ"中的"Timing Analyzer"项，单击弹出的分析器窗口中的"Start"按钮，延时信息即刻显示在图表中。其中，左排的列表是输入信号，上排列出输出信号，中间对应的是延时量。

（10）包装元件入库。选择菜单"File—Open"，在"Open"对话框中选择原理图编辑文件选项"Graphic Editor Files"，然后选择 h_adder.gdf，重新打开半加器设计文件，再选择"File"菜单的"Create Default Symbol"选项，将当前文件变成一个包装好的单一元件符号（Symbol），并被放置在工程路径指定的目录中以备后用。

6．引脚锁定

将仿真无误的设计编程下载至目标芯片需要设定引脚。

选择菜单"Assign—Pin/Location/Chip"。在 Node Name 栏中键入要锁定的管脚的名字"a、b、c0、s0"，在 Chip Resource 窗口中选中 Pin，并键入要写入的引脚号码 41、42、90、89，最后单击右下角的"Add"按钮，则选中的管脚即被锁定。如果输入的管脚号码不是器件的 I/O 引脚，返回时将出现错误信息。因此，需编译 Compiler，若修改需再次编译，见表 4-4-1。

表 4-4-1   **输入/输出引脚定义**

输入		输出	
信号名	芯片脚号	信号名	芯片脚号
K1（a）	41	OUT20（c0）	90
K2（b）	42	OUT21（s0）	89

7．编程下载

（1）下载方式设定。选择 MAX＋PLUS Ⅱ 选项中的 Programmer，然后选择 Option 项的 Hardware Setup 硬件设置选项，在下拉菜单中选择 ByteBlaster（MV）编程。

（2）下载。单击 Configer 键，下载配置文件。

8．顶层文件设计——全加器

将上述设计看成一个底层文件的设计和功能检测，进行包装入库。利用设计好的半加器，完成顶层的全加器的设计。

打开新的原理图，在元件库中找到并加入将已经包装好的半加器元件 h_adder，双击可打开 h_adder 的原理图。

设计电路如图 4-4-2 所示，并以 f_adder 保存在同一目录中。

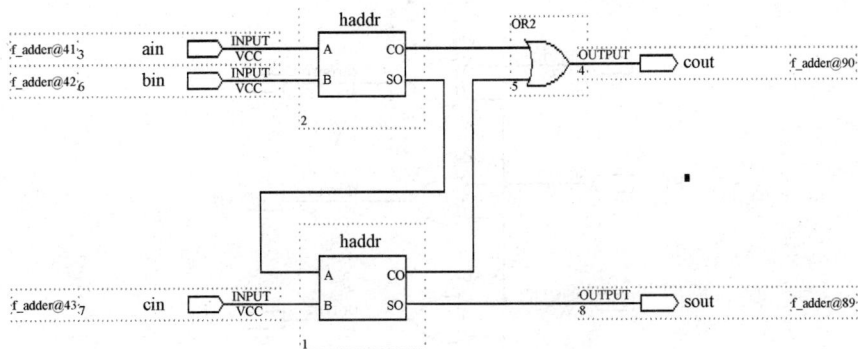

图 4-4-2　半加器原理图

同时保存当前文件为 Project，选取目标芯片，编译此顶层文件 f_adder.gdf，建立波形仿真文件，对应 f_adder.gdf 设置输入信号电平，按照表锁定引脚，见表 4-4-2。

下载并观察结果。

表 4-4-2　　　　　　　　　　　　　输入/输出引脚定义

输入		输出	
信号名	芯片脚号	信号名	芯片脚号
K1（ain）	41	OUT20（c0）	90
K2（bin）	42	OUT21（s0）	89
K3（cin）	43		

4.4.5　实验报告要求

将实验原理、设计过程、编译仿真波形和分析结果、硬件测试实验结果写进实验报告。

4.4.6　思考练习

（1）根据加法器设计原理、设计四位加法器。

（2）设计电路、分析其功能，如图 4-4-3 和图 4-4-4 所示。

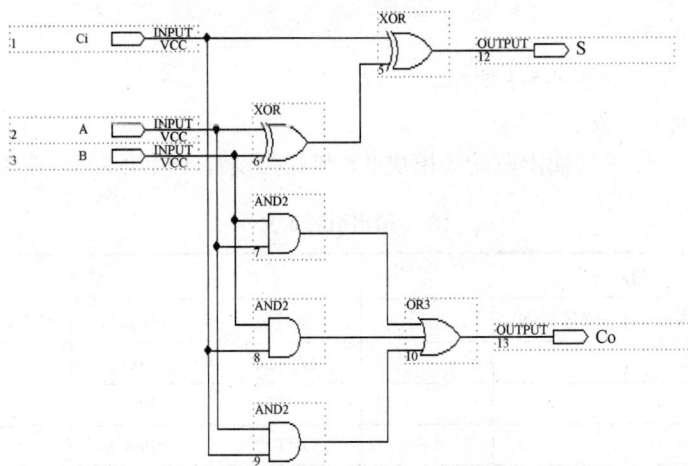

图 4-4-3　全加器

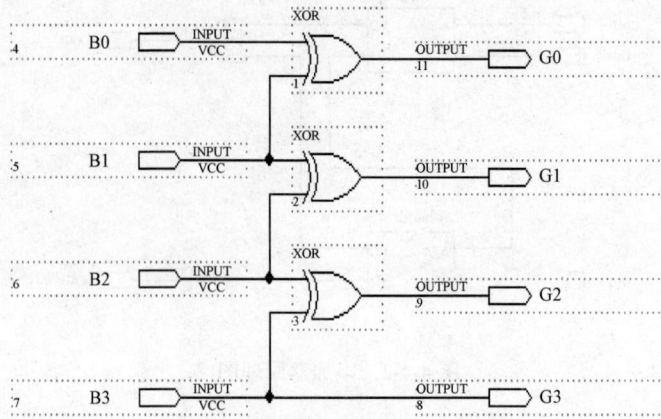

图 4-4-4 格雷码编码器

4.5 实验二 原理图和 VHDL 语言输入设计——组合逻辑电路

4.5.1 实验目的

（1）熟悉软件使用，了解 CPLD 设计的过程。

（2）用画逻辑图和 VHDL 语言的两种方法进行逻辑设计。

4.5.2 实验仪器

（1）AEDK-EDA 实验系统，一套。

（2）实验电脑，一台。

4.5.3 实验内容

（1）用原理图方法设计简单组合逻辑，开关 K7、K8 作为输入，LED 灯输出为 OUT20、OUT21、OUT22、OUT23、OUT24 观察输出。

（2）利用 VHDL 语言实现逻辑组合电路，与上步骤同功能。

4.5.4 实验步骤

1. 绘制电路原理图

绘制电路原理图，如图 4-5-1 所示。

2. 引脚设定及开关设置

（1）引脚设定。使用到输出驱动（模块 8）和开关设置（模块 22），使用信号见表 4-5-1。

表 4-5-1 输入/输出引脚定义

输入				输出			
信号名	芯片脚号	信号类别	功能	信号名	芯片脚号	信号类别	功能
K7	P48			OUT20	P90		
K8	P49			OUT21	P89		
				OUT22	P88		
				OUT23	P87		
				OUT24	P86		

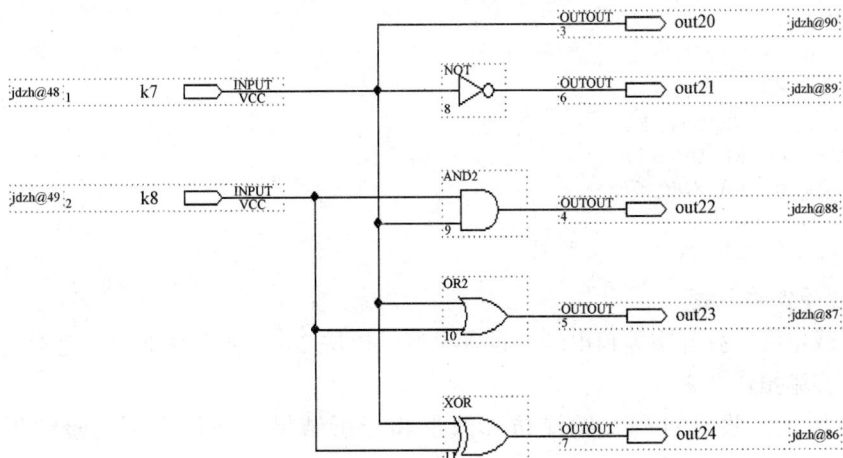

图 4-5-1　组合电路原理图

（2）开关设置。

S2-1，OFF　蜂鸣器关

S2-2，OFF　交通灯不显示

S2-3，OFF　骰子灯不显示

S2-4，OFF　LED 点阵行选择不使用 CPLD 输出

S2-5，OFF　LED 点阵行选择不使用 3 线-8 线译码器输出

S2-6，OFF　LED 数码管不显示

S2-7，ON　　L8～L1 允许显示

3．VHDL 程序

需注意以下问题：

（1）存盘时应选择后缀名称为.VHD，保存成 VHDL 文件。

（2）实体名和结构体名称应分别对应一致。

--- EXP1HDL 组合逻辑电路程序

---文件名：EXP1HDL.VHD

```
LIBRARY IEEE;
USE IEEE.STD_LOGIC_1164.ALL;

ENTITY EXP1HDL IS
      PORT(
      K7,K8: IN    STD_LOGIC;
      OUT20: OUT   STD_LOGIC;
      OUT21: OUT   STD_LOGIC;
      OUT22: OUT   STD_LOGIC;
      OUT23: OUT   STD_LOGIC;
      OUT24: OUT   STD_LOGIC);
END EXP1HDL;

ARCHITECTURE EXP1HDL_ARCH OF EXP1HDL IS
```

```
BEGIN
OUT20 <= K7;
OUT21 <= NOT K7;
OUT22 <= K8 AND K7;
OUT23 <= K8 OR K7;
OUT24 <= K8 XOR K7;

END EXP1HDL_ARCH;
```

4. 设置硬件并下载

连接下载电缆，打开实验箱电源，设置跳接（模块 23），并编译下载，查看结果。

4.5.5　实验报告要求

将实验原理、设计过程、编译仿真波形和分析结果、硬件测试实验结果写进实验报告。

4.5.6　思考练习

（1）根据数据设计原理、设计五选一数据选择器。

（2）设计电路、分析其功能，如图 4-5-2 和图 4-5-3 所示。

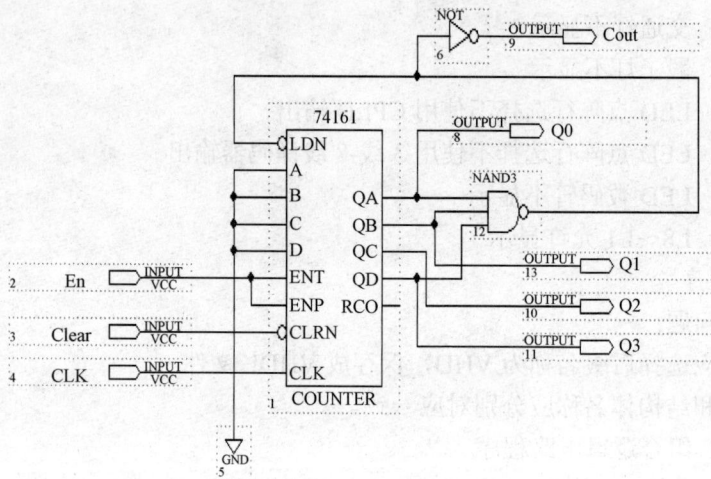

图 4-5-2　功能计数器

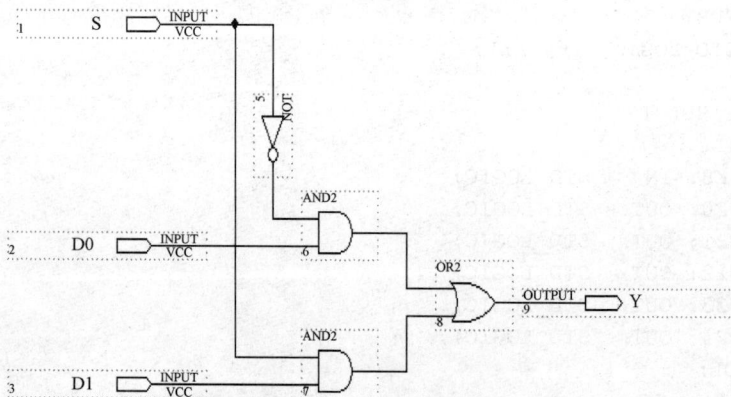

图 4-5-3　二选一数据选择器

4.6　实验三　原理图和 VHDL 语言输入设计——3 线–8 线译码器

4.6.1　实验目的
（1）熟悉软件使用，了解 CPLD 设计的过程。
（2）掌握用图形设计方法和直接使用 VHDL 语言设计方法设计集成电路。

4.6.2　实验仪器
（1）AEDK-EDA 实验系统，一套。
（2）实验电脑，一台。

4.6.3　实验内容
（1）设计一个高输入电平有效的 3 线-8 线译码器，利用开管 K1、K2、K3 作为输入，从 LED 灯的输出 OUT1～OUT8 观察输出结果。
（2）利用原理图输入法和 VHDL 语言输入法分别实现相同功能。

4.6.4　实验步骤
1．硬件连接原理
实验使用输出指示模块（模块 12）和开关设置模块（模块 22）。
2．引脚设定及开关设置
（1）引脚设定，见表 4-6-1。

表 4-6-1　　　　　　　　　　　　　　　输入/输出引脚定义

输入				输出			
信号名	芯片脚号	信号类别	功能	信号名	芯片脚号	信号类别	功能
K1	P41		译码输入	OUT1	P116		译码输出
K2	P42		译码输入	OUT2	P114		译码输出
K3	P43		译码输入	OUT3	P113		译码输出
				OUT4	P112		译码输出
				OUT5	P111		译码输出
				OUT6	P110		译码输出
				OUT7	P109		译码输出
				OUT8	P102		译码输出

（2）开关设置。
S2-1，OFF　蜂鸣器关
S2-2，OFF　交通灯不显示
S2-3，OFF　骰子灯不显示
S2-4，OFF　LED 点阵行选择不使用 CPLD 输出
S2-5，OFF　LED 点阵行选择不使用 3 线-8 线译码器输出
S2-6，OFF　LED 数码管不显示
S2-7，ON　L8～L1 允许显示

3. 应用原理图输入方法和 VHDL 方法分别实现设计

（1）原理图方法。电路如图 4-6-1 所示。

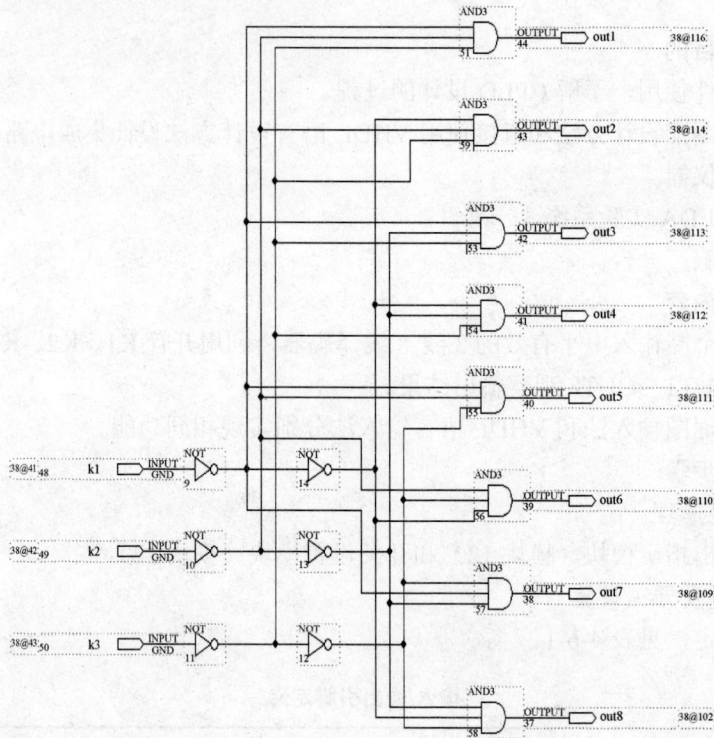

图 4-6-1　3 线-8 线译码器原理图

（2）VHDL 程序。

```
--- EXP2HDL    3线-8线译码器实验程序
---文件名：EXP2HDL.VHD

LIBRARY IEEE;
USE IEEE.STD_LOGIC_1164.ALL;

ENTITY EXP2HDL IS
    PORT(
        K1,K2,K3 : IN    STD_LOGIC;
OUT1,OUT2,OUT3,OUT4,OUT5,OUT6,OUT7,OUT8: OUT STD_LOGIC);
END EXP2HDL;

ARCHITECTURE EXP2HDL_ARCH OF EXP2HDL IS
    SIGNAL K : STD_LOGIC_VECTOR(3 DOWNTO 1 );
    SIGNAL POUT : STD_LOGIC_VECTOR (8 DOWNTO 1 );
BEGIN
    K <= K3&K2&K1;
PROCESS(K)
BEGIN
CASE K IS
```

```
WHEN "000"=> POUT <= "00000001";
WHEN "001"=> POUT <= "00000010";
WHEN "010"=> POUT <= "00000100";
WHEN "011"=> POUT <= "00001000";
WHEN "100"=> POUT <= "00010000";
WHEN "101"=> POUT <= "00100000";
WHEN "110"=> POUT <= "01000000";
WHEN OTHERS =>POUT<= "10000000";
END CASE;
END PROCESS;

OUT1<=POUT(1);
OUT2<=POUT(2);
OUT3<=POUT(3);
OUT4<=POUT(4);
OUT5<=POUT(5);
OUT6<=POUT(6);
OUT7<=POUT(7);
OUT8<=POUT(8);
END EXP2HDL_ARCH;
```

4. 设置硬件并下载

连接下载电缆，打开实验箱电源，设置跳接（模块 23），并编译下载，查看结果。

4.6.5　实验报告要求

将实验原理、设计过程、编译仿真波形和分析结果、硬件测试实验结果写进实验报告。

4.6.6　思考练习

（1）根据编码器设计原理、设计八-三编码器。

（2）设计一个 4 位的十进制数字显示的数字式频率计。

4.7　实验四　VHDL 语言实现 LED 点阵显示设计

4.7.1　实验目的

（1）熟悉软件使用，了解 CPLD 设计的过程。

（2）掌握扫描输出点阵接口技术，设计程序，完成显示子母功能。

4.7.2　实验仪器

（1）AEDK-EDA 实验系统，一套。

（2）实验电脑，一台。

4.7.3　实验内容

（1）脉冲源提供电路驱动时钟。

（2）设计程序，按照时钟源分别产生行扫描和列扫描的数据，在 LED 点阵上显示子母或字符。

4.7.4　实验步骤

1. 硬件连接原理

实验使用脉冲源模块（模块 18）和 LED 点阵模块（模块 19）和开关设置模块（模块 22）。

2. 引脚设定及开关设置

（1）引脚设定，见表 4-7-1。

表 4-7-1 输入/输出引脚定义

输入				输出			
信号名	芯片脚号	信号类别	功能	信号名	芯片脚号	信号类别	功能
K1	P41		输入开关量	AD0	P140		
K2	P42			AD1	P138		
CLK1	P55		时钟	AD2	P137		
				AD3	P136		输出列数据
				AD4	P135		
				AD5	P133		
				AD6	P132		
				AD7	P131		
				SELMLED	P39		选定通道
				LED_S0	P68		输出译码器数据
				LED_S1	P69		
				LED_S2	P70		

CLK1 接模块 18 输出的 1Hz～10kHz。

（2）开关设置。

S2-1，OFF 蜂鸣器关

S2-2，OFF 交通灯不显示

S2-3，OFF 骰子灯不显示

S2-4，OFF LED 点阵行选择不使用 CPLD 输出

S2-5，ON LED 点阵行选择不使用 3 线-8 线译码器输出

S2-6，ON LED 数码管显示

S2-7，OFF L8～L1 不允许显示

3. VHDL 程序

```
---LED    LED 点阵实验程序
---文件名:LED.VHD

LIBRARY IEEE;
USE IEEE.STD_LOGIC_1164.ALL;
USE IEEE.STD_LOGIC_ARITH.ALL;
USE IEEE.STD_LOGIC_UNSIGNED.ALL;

ENTITY LED IS
    PORT(
CLK1: INSTD_LOGIC;
SELMLED: OUT    STD_LOGIC;
LED_S: OUTSTD_LOGIC_VECTOR(2 DOWNTO 0);
AD: OUTSTD_LOGIC_VECTOR(7 DOWNTO 0));
```

```
END LED;

ARCHITECTURE LED_ARC OF LED IS
    SIGNAL ROW : INTEGER RANGE 0 TO 7;
BEGIN
    PROCESS(CLK1)
    BEGIN
    IF(CLK1 'EVENT AND CLK1='1') THEN
        ROW<=ROW+1;
    END IF;
    END PROCESS;

    PROCESS(ROW)
    BEGIN
    LED_S<=CONV_STD_LOGIC_VECTOR(ROW,3);
    CASE ROW IS
    WHEN 0 =>AD(7 DOWNTO 0)<="11111001";
    WHEN 1 =>AD(7 DOWNTO 0)<="10001001";
    WHEN 2 =>AD(7 DOWNTO 0)<="11011011";
    WHEN 3 =>AD(7 DOWNTO 0)<="10101011";
    WHEN 4 =>AD(7 DOWNTO 0)<="11011011";
    WHEN 5 =>AD(7 DOWNTO 0)<="10001001";
    WHEN 6 =>AD(7 DOWNTO 0)<="10011011";
    WHEN 7 =>AD(7 DOWNTO 0)<="00000000";
    END CASE;
    END PROCESS;

SELMLED<='1';
END LED_ARC;
```

4. 设置硬件并下载

连接下载电缆，打开实验箱电源，设置跳接（模块 23），并编译下载，查看结果。

4.7.5 实验报告要求

将实验原理、设计过程、编译仿真波形和分析结果、硬件测试实验结果写进实验报告。

4.7.6 思考练习

（1）当 CLK1 接不同频率时，分析电路显示变化。

（2）编写程序，设计开关分别为 00、01、10、11 时，输出四个不同汉字。

（3）编写程序，设计串行文字输出 10 个字。

（4）分析 CONV_STD_LOGIC_VECTOR 语句的功能。

4.8 实验五 VHDL 语言实现交通灯设计

4.8.1 实验目的

（1）熟悉软件使用，了解 CPLD 设计的过程。

（2）设计逻辑电路，完成交通灯控制逻辑设计。

4.8.2 实验仪器

（1）AEDK-EDA 实验系统，一套。

（2）实验电脑，一台。

4.8.3 实验内容

（1）分析交通灯电路原理及交通灯控制逻辑。

（2）了解状态变化电路的设计。

4.8.4 实验步骤

1. 硬件连接原理

实验使用交通灯模块（模块 11）、脉冲和上下沿模块（模块 17）、脉冲源模块（模块 18）。

交通灯一般具有红、绿、黄三种颜色，实验采用三种颜色各四个 LED 灯来模拟十字路口的交通灯亮与灭。其中驱动对应关系见表 4-8-1。

表 4-8-1 四个方向与输出引脚直接的对应关系

输出 ＼ 方向	E 东	S 南	W 西	N 北
R 红	POUT1	POUT4	POUT7	POUT10
G 绿	POUT2	POUT5	POUT8	POUT11
Y 黄	POUT3	POUT6	POUT9	POUT12

2. 引脚设定及开关设置

（1）引脚设定，见表 4-8-2。

表 4-8-2 输入/输出引脚定义

输入				输出			
信号名	芯片脚号	信号类别	功能	信号名	芯片脚号	信号类别	功能
CLK1	P55			POUT1	P116		
RESET	P31			POUT2	P114		
				POUT3	P113		
				POUT4	P112		
				POUT5	P111		
				POUT6	P110		
				POUT7	P109		
				POUT8	P102		
				POUT9	P101		
				POUT10	P100		
				POUT11	P99		
				POUT12	P98		

CLK1 接模块 18 输出中 1～10kHz 选择。

（2）开关设置。

S2-1，OFF　蜂鸣器关

S2-2，ON　交通灯显示

S2-3，OFF　骰子灯不显示

S2-4，OFF　　LED 点阵行选择不使用 CPLD 输出

S2-5，OFF　　LED 点阵行选择不使用 3 线-8 线译码器输出

S2-6，OFF　　LED 数码管不显示

S2-7，OFF　　L8～L1 不显示

3. VHDL 程序

```
---TRAFFICLED        交通灯实验程序
---文件名：TRAFFICLED.VHD

LIBRARY IEEE;
USE IEEE.STD_LOGIC_1164.ALL;
USE IEEE.STD_LOGIC_ARITH.ALL;
USE IEEE.STD_LOGIC_UNSIGNED.ALL;

ENTITY TRAFFICLED IS
    PORT(
    CLK1 : IN    STD_LOGIC;
    RESET   : IN    STD_LOGIC;
    POUT : OUT   STD_LOGIC_VECTOR (12 DOWNTO 1);
END TRAFFICLED;

ARCHITECTURE TRAFFICLED_ARC OF TRAFFICLED IS

SIGNAL ER,EY,EG : STD_LOGIC;
SIGNAL SR,SY,SG : STD_LOGIC;
SIGNAL WR,WY,WG : STD_LOGIC;
SIGNAL NR,NY,NG : STD_LOGIC;

SIGNAL STATE : INTEGER RANGE 0 TO 7;
SIGNAL COUNT : INTEGER RANGE 0 TO 11;

BEGIN

PROCESS (RESET,CLK1)
BEGIN
IF RESET='1' THEN
STATE <= 0;
COUNT <= 0;
ELSE IF (CLK1'EVENT AND CLK1 ='1') THEN
    COUNT <= COUNT + 1;
    IF(COUNT = 11 AND STATE <5)THEN
      COUNT <= 0;
      STATE <= STATE +1;
      ELSE IF(STATE = 5)THEN STATE<= 1;
      END IF;
    END IF;
END IF;
END IF;
END PROCESS;
```

```
PROCESS（STATE）
BEGIN
CASE STATE IS
WHEN 0 => EY<='1';WY<='1';SY<='1';NY<='1'; --四个黄灯
      EG<='0';WG<='0';SG<='0';NG<='0';
       ER<='0';WR<='0';SR<='0';NR<='0';

WHEN 1 => EY<='0';WY<='0';SY<='0';NY<='0';
      EG<='1';WG<='1';SG<='0';NG<='0';     --东西绿灯
      ER<='0';WR<='0';SR<='1';NR<='1';     --南北红灯

WHEN 2 => EY<='1';WY<='1';SY<='0';NY<='0'; --东西黄灯
      EG<='1';WG<='1';SG<='0';NG<='0';     --东西绿灯
      ER<='0';WR<='0';SR<='1';NR<='1';     --南北红灯

WHEN 3 => EY<='0';WY<='0';SY<='0';NY<='0';
      EG<='0';WG<='0';SG<='1';NG<='1';     --南北绿灯
      ER<='1';WR<='1';SR<='0';NR<='0';     --东西红灯

WHEN 4 => EY<='0';WY<='0';SY<='1';NY<='1'; --南北黄灯
      EG<='0';WG<='0';SG<='1';NG<='1';     --南北绿灯
      ER<='1';WR<='1';SR<='0';NR<='0';     --东西红灯
WHEN OTHERS =>NULL;
END CASE;

POUT(1) <=ER; POUT(2) <=EG; POUT(3) <=EY;
POUT(4) <=SR; POUT(5) <=SG; POUT(6) <=SY;
POUT(7) <=WR; POUT(8) <=WG; POUT(9) <=WY;
POUT(10) <=NR; POUT(11) <=NG; POUT(12) <=NY;
END PROCESS;

END TRAFFICLED_ARC;
```

4. 设置硬件并下载

连接下载电缆，打开实验箱电源，设置跳接（模块 23），并编译下载，查看结果。

4.8.5　实验报告要求

将实验原理、设计过程、编译仿真波形和分析结果、硬件测试实验结果写进实验报告。

4.8.6　思考练习

（1）根据状态机工作原理，分析状态机在程序设计中的应用。

（2）如何同时显示两个方向的时间？

（3）设计带左转向的交通灯，并且读秒显示倒数时钟。

4.9　实验六　VHDL 语言实现键盘扫描设计

4.9.1　实验目的

（1）应用 CPLD 实现综合设计过程。

（2）设计键盘扫描，结果显示在数码管上。

4.9.2　实验仪器

（1）AEDK-EDA 实验系统，一套。

（2）实验电脑，一台。

4.9.3　实验内容

根据键盘扫描电路，完成扫描电路功能。设计 BCD 码到 LED 的七段译码器 DICEDIS，非 BCD 值时仅 G 段亮（输出为 1）；同时，电路中包含一个数码管扫描显示电路，动态扫描 6 个数码管。

4.9.4　实验步骤

1. 硬件连接原理

设计键盘扫描电路完成扫描功能，并且把结果在数码管上显示。键盘显示模块时由 16 个按键和 6 位 LED 数码管组成。使用键盘显示模块（模块 23）和开关设置模块（模块 22），使用显示模块时要设定模块 23 的开关 6 应该为 ON。

2. 引脚设定及开关设置

（1）引脚设定，见表 4-9-1。

表 4-9-1　　　　　　　　　　　　　　输入/输出引脚定义

输　　　入				输　　　出			
信号名	芯片脚号	信号类别	功能	信号名	芯片脚号	信号类别	功能
CLK1	P55	GCLK1	时钟	LED_A	P72		
KEYIN1	P54	IN	键盘扫描	LED_B	P73		
KEYIN2	P56	IN		LED_C	P78		
				LED_D	P79		显示八个段
				LED_E	P80		
				LED_F	P81		
				LED_G	P82		
				LED_DP	P83		
				LED_SA	P68		控制译码器，输出 8 选 1
				LED_SB	P69		
				LED_SC	P70		

CLK1 引入 5kHz 的时钟信号；

（2）开关设置。

S2-1，OFF　蜂鸣器关

S2-2，OFF　交通灯显示

S2-3，OFF　骰子灯不显示

S2-4，OFF　LED 点阵行选择不使用 CPLD 输出

S2-5，OFF　LED 点阵行选择不使用 3 线-8 线译码器输出

S2-6，ON　LED 数码管不显示

S2-7，OFF　L8～L1 不显示

3. VHDL 程序

```
---KEYSCAN        时钟扫描程序
---文件名：KEYSCAN.VHD

LIBRARY IEEE;
USE IEEE.STD_LOGIC_1164.ALL;
USE IEEE.STD_LOGIC_ARITH.ALL;
USE IEEE.STD_LOGIC_UNSIGNED.ALL;

ENTITY KEYSCAN IS
    PORT (
        CLK1:IN STD_LOGIC;
        KEYIN1, KEYIN2:IN STD_LOGIC;

        LED_SA:OUT STD_LOGIC;
        LED_SB:OUT STD_LOGIC;
        LED_SC:OUT STD_LOGIC;

        LED_A:   OUT STD_LOGIC;
        LED_B:   OUT STD_LOGIC;
        LED_C:   OUT STD_LOGIC;
        LED_D:   OUT STD_LOGIC;
        LED_E:   OUT STD_LOGIC;
        LED_F:   OUT STD_LOGIC;
        LED_G:   OUT STD_LOGIC;
        LED_DP:OUT STD_LOGIC);
END KEYSCAN;

ARCHITECTURE KEYSCAN_ARCH OF KEYSCAN IS
    SIGNAL SEG: STD_LOGIC_VECTOR (6 DOWNTO 0);
    SIGNAL SEL: STD_LOGIC_VECTOR (2 DOWNTO 0);
    SIGNAL NUM : STD_LOGIC_VECTOR (3 DOWNTO 0);
    SIGNAL COUNT: STD_LOGIC_VECTOR (4 DOWNTO 0);
    SIGNAL COUNT0 : STD_LOGIC;

BEGIN

PROCESS (CLK1)
BEGIN
IF (CLK1'EVENT AND CLK1 = '1' )THEN
    COUNT <= COUNT + 1;                --0～15,1 秒加 5 千次
END IF;
END PROCESS;

COUNT0 <= COUNT(0);                    --1 秒变 5 千次
```

```
PROCESS (COUNT0, COUNT, KEYIN1, KEYIN2)
BEGIN
IF (COUNT0'EVENT AND (COUNT0 = '1'))THEN   --2.5 千次
    IF ((KEYIN1 = '0') AND (COUNT(1) = '0'))THEN
        NUM(3) <= '0';
        NUM(2 DOWNTO 0) <= COUNT(4 DOWNTO 2);
            -- NUM(3210) = 0 COUNT(432)
    ELSIF (KEYIN2 = '0') AND (COUNT(1) = '0') THEN
        NUM <= '1' & COUNT(4 DOWNTO 2);
            -- NUM(3210) = 0 COUNT(432)
    END IF;
END IF;
END PROCESS;


SEL <= COUNT (4 DOWNTO 2);
      --pgfedcba
SEG <= "0111111" WHEN NUM = 0 ELSE
       "0000110" WHEN NUM = 1 ELSE
       "1011011" WHEN NUM = 2 ELSE
       "1001111" WHEN NUM = 3 ELSE
       "1100110" WHEN NUM = 4 ELSE
       "1101101" WHEN NUM = 5 ELSE
       "1111101" WHEN NUM = 6 ELSE
       "0000111" WHEN NUM = 7 ELSE
       "1111111" WHEN NUM = 8 ELSE
       "1101111" WHEN NUM = 9 ELSE
       "1110111" WHEN NUM = 10 ELSE
       "1111100" WHEN NUM = 11 ELSE
       "0111001" WHEN NUM = 12 ELSE
       "1011110" WHEN NUM = 13 ELSE
       "1111001" WHEN NUM = 14 ELSE
       "1110001" WHEN NUM = 15 ELSE
       "0000000";

LED_SA <= SEL(0);
LED_SB <= SEL(1);
LED_SC <= SEL(2);

LED_A <= SEG(0);
LED_B <= SEG(1);
LED_C <= SEG(2);
LED_D <= SEG(3);
LED_E <= SEG(4);
LED_F <= SEG(5);
LED_G <= SEG(6);
LED_DP <= '0';
END KEYSCAN_ARCH;
```

4. 设置硬件并下载

连接下载电缆，打开实验箱电源，设置跳接（模块 23），并编译下载，查看结果。

4.9.5　实验报告要求

将实验原理、设计过程、编译仿真波形和分析结果、硬件测试实验结果写进实验报告。

4.9.6　思考练习

（1）根据键盘工作原理，分析高、低电平的接通情况。

（2）试分析 74LS138 在电路设计时的应用。

4.10　EDA 实验箱常用电路模块

AEDK-EDA 实验机的实验模块主要由二十四个模块构成。

1. 调压电路

调压电路是模拟信号输入的一个模拟信号源，输出电压范围是 0～＋VREF。其中，VIN0、VIN1 分别连到模块 2 的 A/D 转换模块的通道 0 和通道 1，VIN0 也作为模块 4 电压比较模块的输入参考，如图 4-10-1 所示。

> **注 意**
>
> VIN0 和 VIN1 有较强的驱动能力，连线时不要与其他输出信号短路。

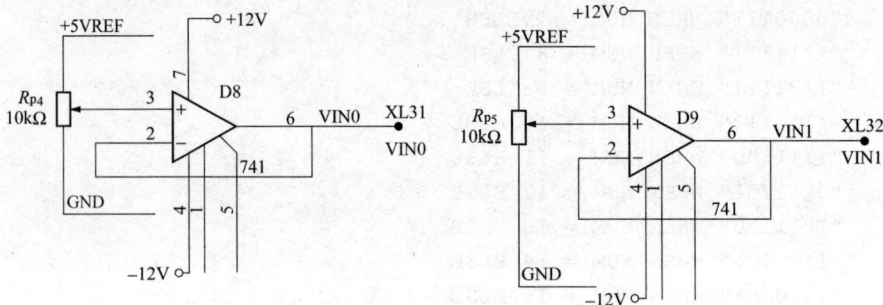

图 4-10-1　调压电路

2. A/D 转换

A/D 转换电路采用 ADC0809 芯片，分辨率为 8 位，A/D 输入通道为 8 路。其中，通道 IN0、IN1 接模块 1 的调压电路，通道 2 接模块 5 的 D/A 转换输出，另外 5 个通道端子分别连 IN3、IN4、IN5、IN6、IN7 供外部输入使用，输入电压范围为 0～＋5V。A/D 电路时钟由模块 18 脉冲源提供，控制信号/WR、/CS0809、/RD、A0、A1、A2、数据总线 AD0～7，以及 EOC 信号分别与 CPU 和 XP1、XP2 相连，如图 4-10-2 所示。

3. 参考电源

如图 4-10-3 所示，参考电源为 A/D 模块、D/A 模块及调压电路提供基准电压，调节 RP2、RP3 分别调节正参考电压和负参考电压，一般分别调为＋5V 和−5V。其中，＋5VREF 和−5VREF 是测试点。

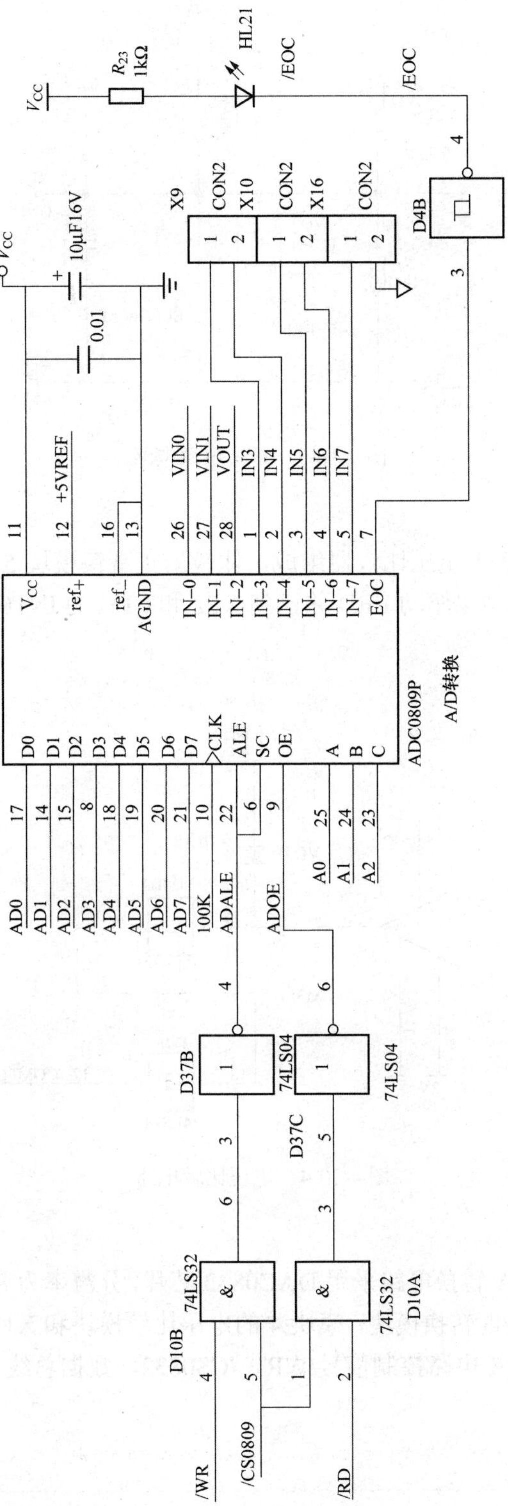

图 4-10-2　AD 转换电路

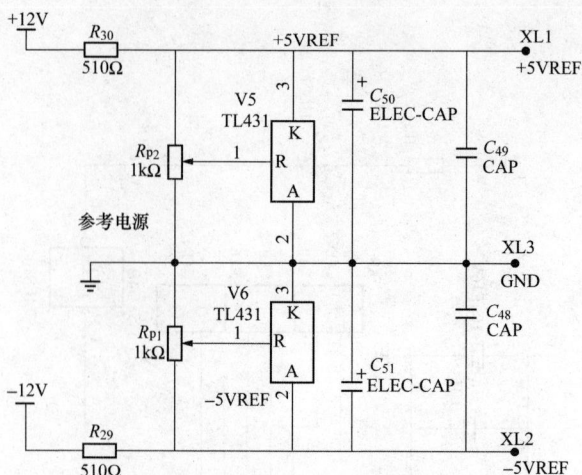

图 4-10-3　参考电源电路

4. 电压比较

电压比较模块由 LM311 电压比较器组成，比较器正端接模块 5 的 D/A 转换输出，负端接模块 1 的调压电路比较结果驱动 LED 并送到 XP2 和 CPU 的 INT0，如图 4-10-4 所示。

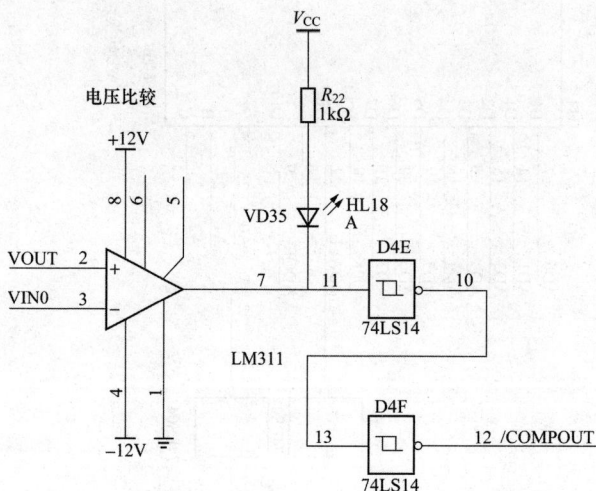

图 4-10-4　电压比较电路

5. D/A 转换

如图 4-10-5 所示，D/A 转换电路采用 DAC0832 芯片，分辨率为 8 位，通道为 1 路。VOUT 输出分别连到模块 2 的 A/D 转换模块，模块 4 的电压比较模块和 X17 供外部输出使用，输出电压范围为 0～+5V。D/A 电路控制信号/WR、/CS0832，数据总线 AD0-7 信号分别与 CPU 和 XP1、XP2 相连。

🔊 注 意

VOUT 有较强的驱动能力，连线时不要与其他输出信号短路。

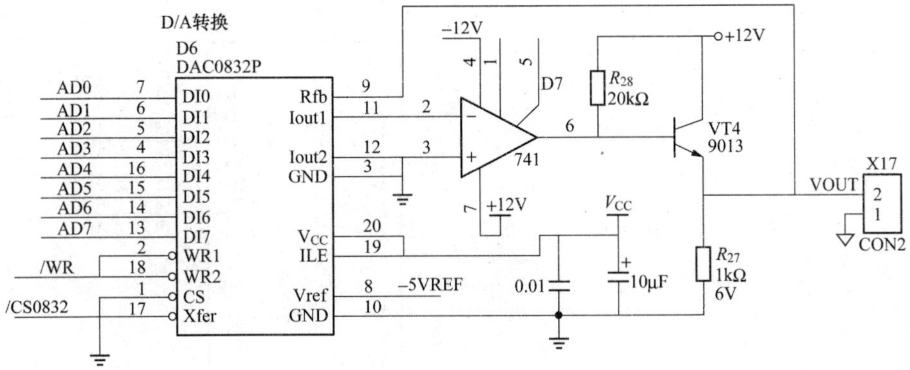

图 4-10-5　D/A 转换电路

6. RAM

RAM 模块采用 62256 芯片，在实验中可以作为数据缓冲区，特别在 CPU 实验中，可以作为 A/D 实验的缓冲，同时也可以作为 LED 实验的可变的字模表也可以作为 D/A 实验的任意波形发生器的数据表，如图 4-10-6 所示。

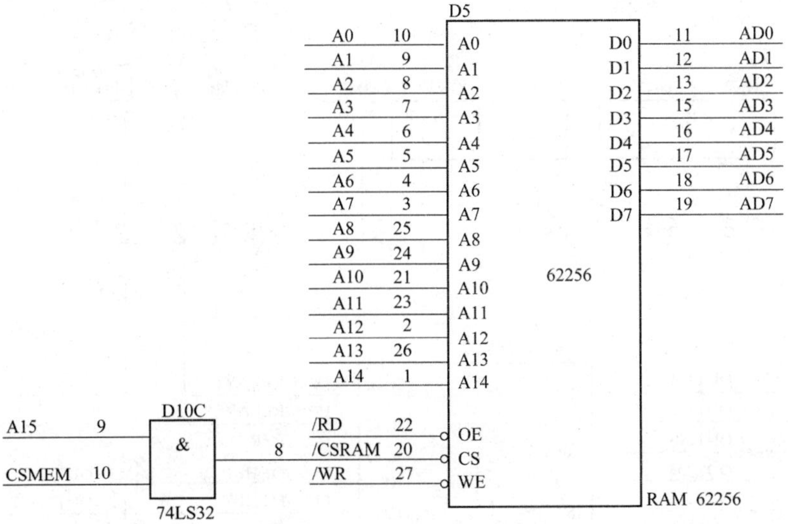

图 4-10-6　RAM 存储电路

7. ROM

ROM 模块采用 27256 芯片，在实验中可以作为固定数据区，在 CPU 实验中，可以作为程序空间，同时也可以作为 LED 实验的字模表和 D/A 实验的任意波形发生器的数据表，如图 4-10-7 所示。

8. 输出驱动

驱动模块是实验板的主要的开关量输出模块，其中信号 OUT17、OUT18 驱动模块 9 的继电器模块，OUT19 驱动模块 10 的蜂鸣器，OUT20~24 送到插座可以驱动步进电动机等设备，如图 4-10-8 所示。

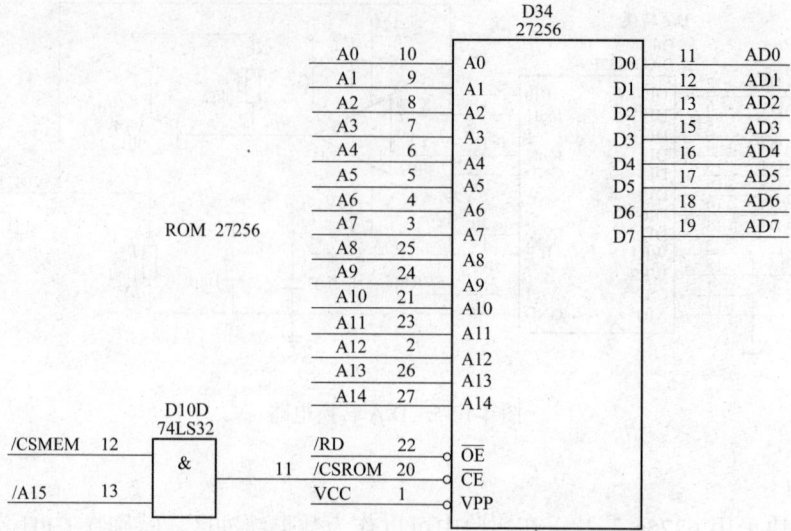

图 4-10-7　ROM 存储电路

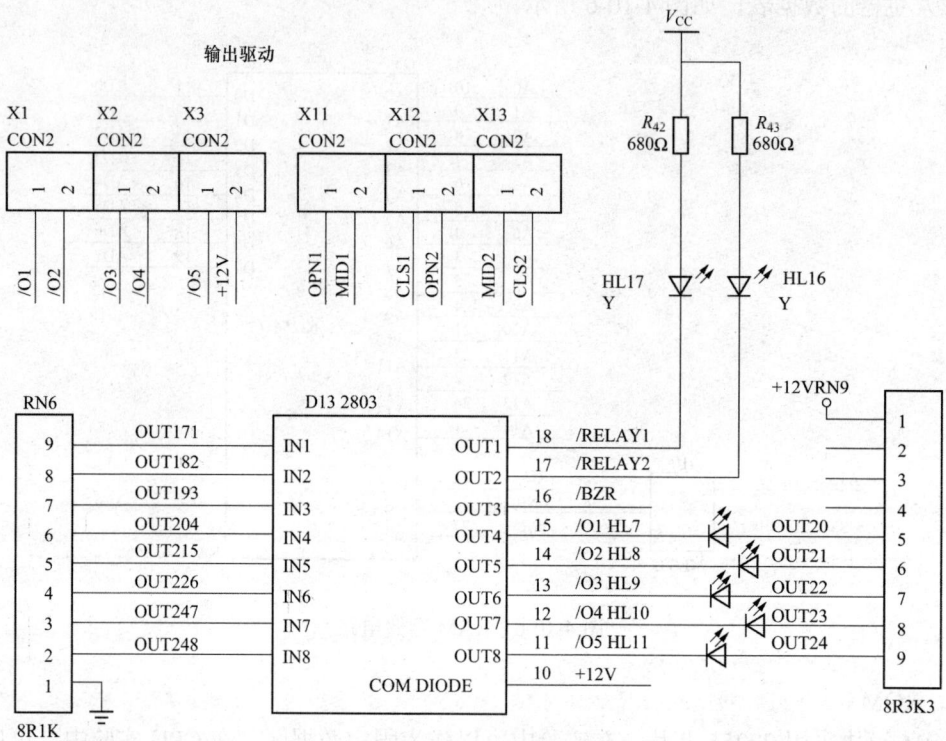

图 4-10-8　输出驱动电路

9. 继电器模块

继电器模块由模块 8 驱动，其中 OPN 是常开触点，CLS 为常闭触点，MID 是中心头，可以驱动较大功率的外部设备，如图 4-10-9 所示。

10. 蜂鸣器

蜂鸣器由模块 8 驱动，当 OUT19 为高电平时蜂鸣器发出声音，如图 4-10-10 所示。

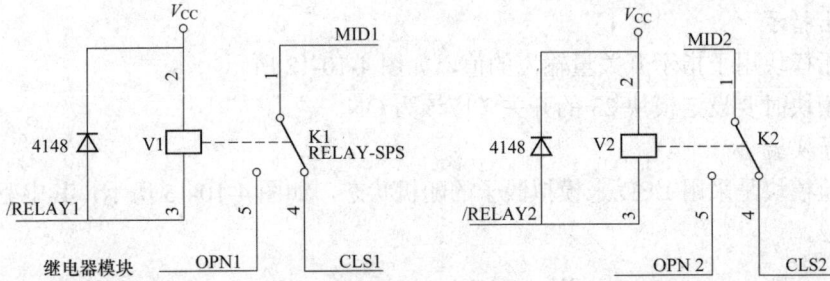

图 4-10-9　继电器电路

使用该模块时要设定模块 23 的开关 1 应该为 ON。

11. 交通灯实验

交通灯实验模块是采用红绿黄三种颜色的 LED 来模拟十字路口的交通灯状况，如图 4-10-11 所示，其中驱动对应关系见表 4-10-1。

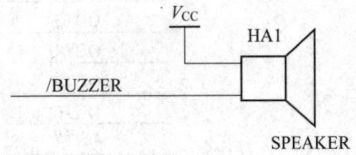

图 4-10-10　蜂鸣器电路

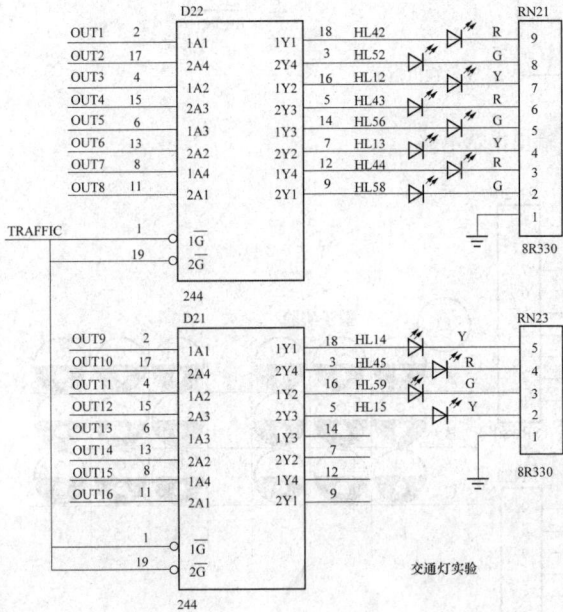

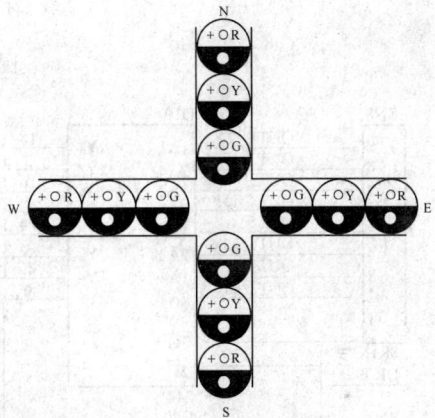

图 4-10-11　交通灯连接电路

表 4-10-1　　　　方向和输出的对应关系

方向 ＼ 输出	R（红）	G（绿）	Y（黄）
E（东）	OUT1	OUT2	OUT3
S（南）	OUT4	OUT5	OUT6
W（西）	OUT7	OUT8	OUT9
N（北）	OUT10	OUT11	OUT12

使用该模块时要设定模块 23 的开关 2 应该为 ON。

12.　输出指示

输出指示模块用于指示开关量输出的值，如图 4-10-12 所示。

使用该模块时要设定模块 23 的开关 7 应该为 ON。

13.　骰子实验

骰子实验模块是采用 LED 来模拟骰子的随机状态，如图 4-10-13 所示，其中驱动对应关系见表 4-10-2。

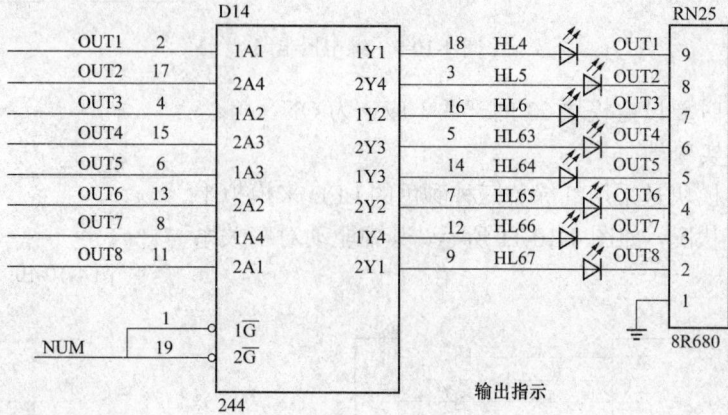

图 4-10-12　输出指示电路

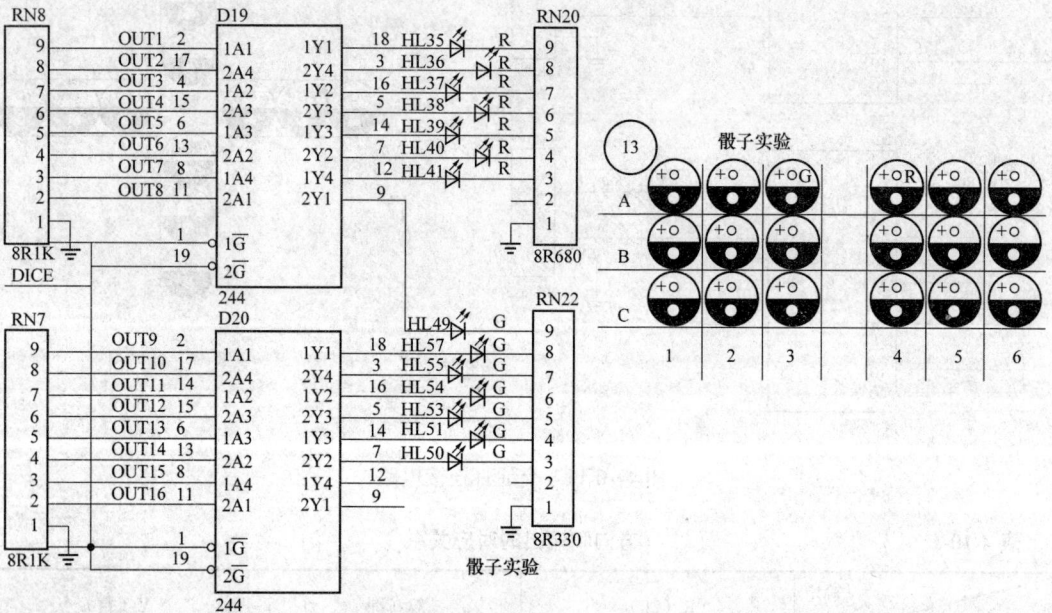

图 4-10-13　骰子连接电路

表 4-10-2　　　　　　　　　　　　骰子与输出对应关系

输出＼骰子	1	2	3	4	5	6
A	OUT8	OUT9	OUT10	OUT1	OUT2	OUT3

输出 ＼ 骰子	1	2	3	4	5	6
B		OUT11			OUT4	
C	OUT12	OUT13	OUT14	OUT5	OUT6	OUT7

使用该模块时要设定模块 23 的开关 3 应该为 ON。

14．液晶模块

液晶模块是连接字符液晶的接口电路，有关液晶接口的时序关系参见所采用液晶的数据手册，R44、R45 决定液晶的对比度，如图 4-10-14 所示。

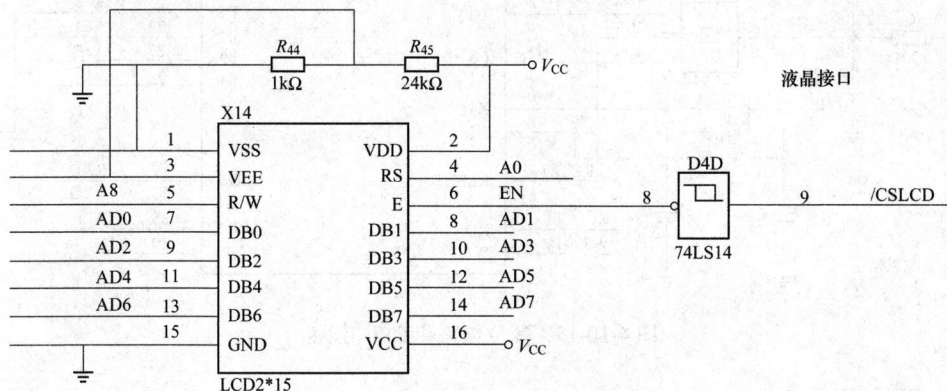

图 4-10-14　液晶显示电路

液晶接口的驱动时序参考液晶的数据手册。

15．RESET 和 CPU 模块

RESET 和 CPU 模块是为了配合 EDA 实验，而增加的模块。利用该模块与可编程芯片相结合能够实现相当复杂的控制逻辑。本实验系统大部分实验都可以不用该模块，但是有些实验须采用 CPU 与可编程芯片相结合的方式才能实现，如图 4-10-15 所示。

> **注 意**
>
> 如果不采用 CPU 的实验，可以考虑拔掉 CPU 以免 CPU 的 P0 口和总线数据冲突。

16．脉冲和上下沿

本模块为实验板提供脉冲和上下沿，如图 4-10-16 所示。

按键 SB19 按下，在信号线 PULSE1 上产生一个正脉冲。

按键 SB17 按下，在信号线/PULSE2 上产生一个负脉冲。

按键 SB20 按下，在信号线 EDGE2 上产生一个上跳沿。

按键 SB21 按下，在信号线 EDGE2 上产生一个下跳沿。

按键 SB23 按下，在信号线 EDGE1 上产生一个上跳沿。

按键 SB18 按下，在信号线 EDGE1 上产生一个下跳沿。

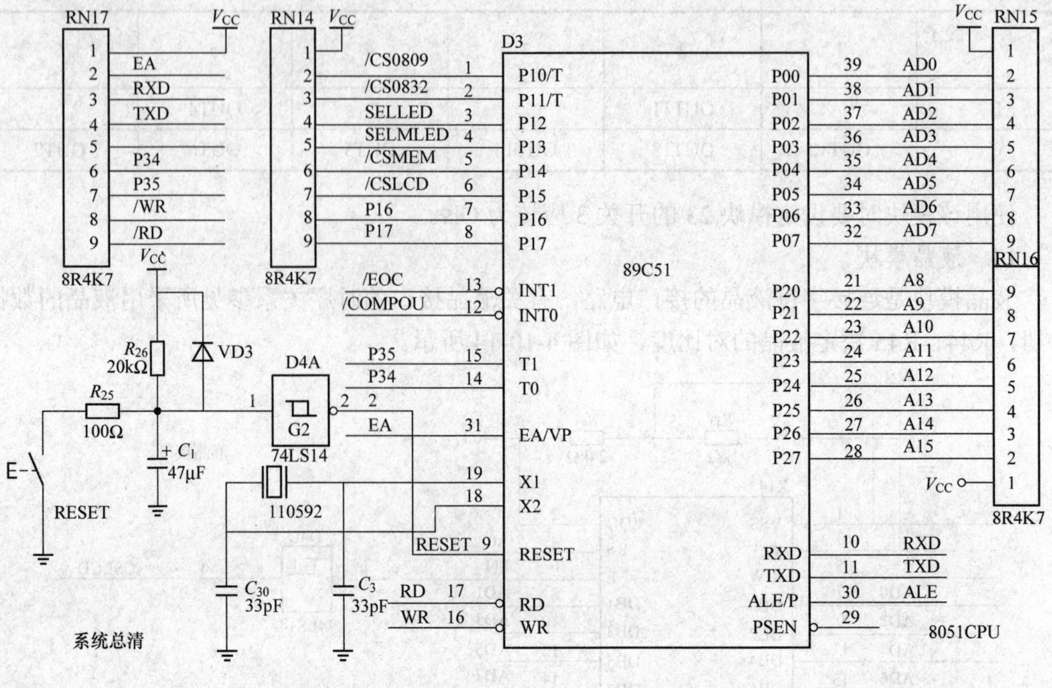

图 4-10-15　复位电路和 CPU 电路

17. 脉冲源

脉冲源电路主要为系统提供时钟源，范围从 1Hz～5MHz。

CLK1、CLK2 为输入信号，可以从时钟源中任意选取信号用导线连接到这两个信号，也可以从模块 17 中选取信号手动输入信号实现静态调试。如图 4-10-17 所示。

18. LED 点阵

LED 点阵采用 8×8 的点阵，通过扫描方式驱动整个模块。其中，扫描方式用两种：一种是直接通过 MARR 总线驱动，此时要设定模块 23 的开关 4 应该为 ON，5 应该为 OFF；另外一种是通过模块 24 的 138 译码电路驱动，这是要设定模块 23 的开关 5 应该为 ON，4 应该为 OFF。LED 点阵电路如图 4-10-18 所示。

19. 串口通信

串口通信模块主要实现串行口的 TTL 电平与 232 电平之间的转换，以实现 CPU 与 PC 机之间的通信，如图 4-10-19 所示。

20. 输入端子

输入端子主要实现外部输入信号与内部电路的光电隔离，以保护内部电路，如图 4-10-20 所示。

> 🎯 **注意**
>
> 外部输入信号必须由一定的驱动能力，以驱动光耦内部的发光二极管，一般要求驱动电流在 5～20mA，即输入电压为 5～12V。

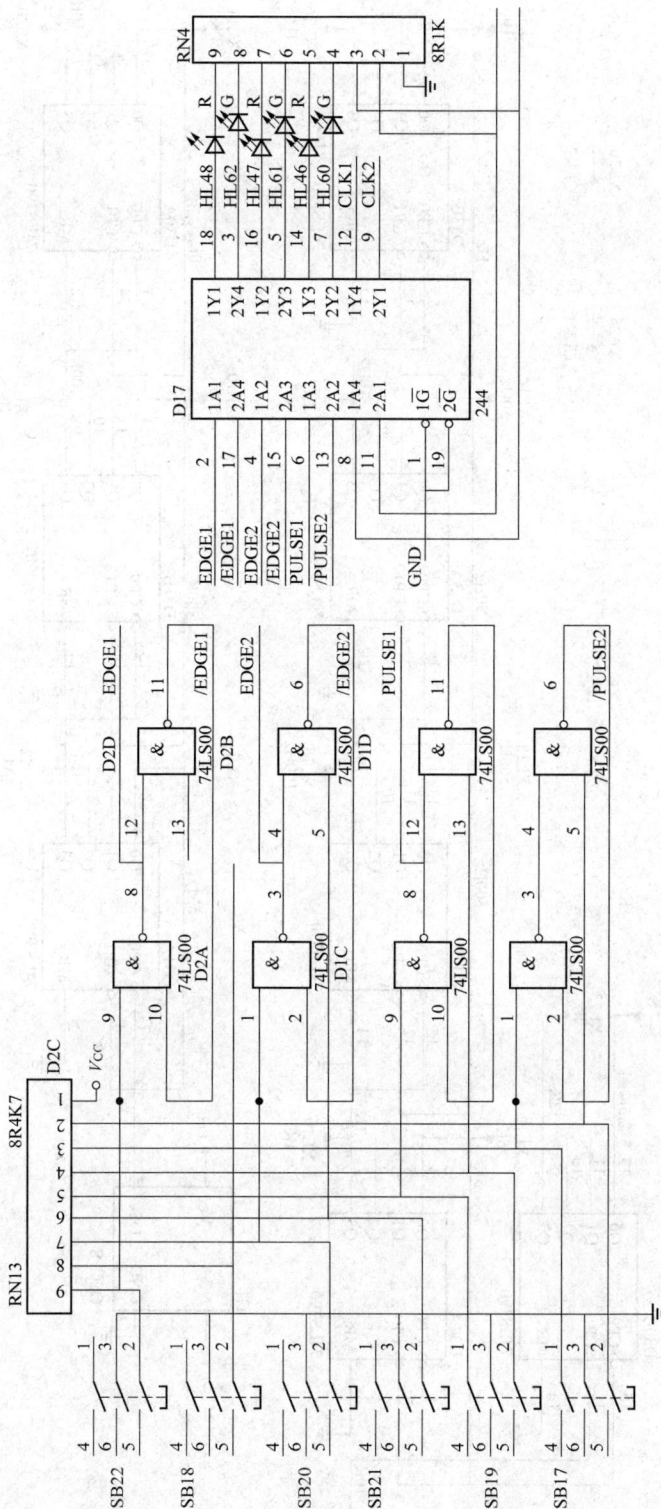

图 4-10-16　脉冲和上下沿电路

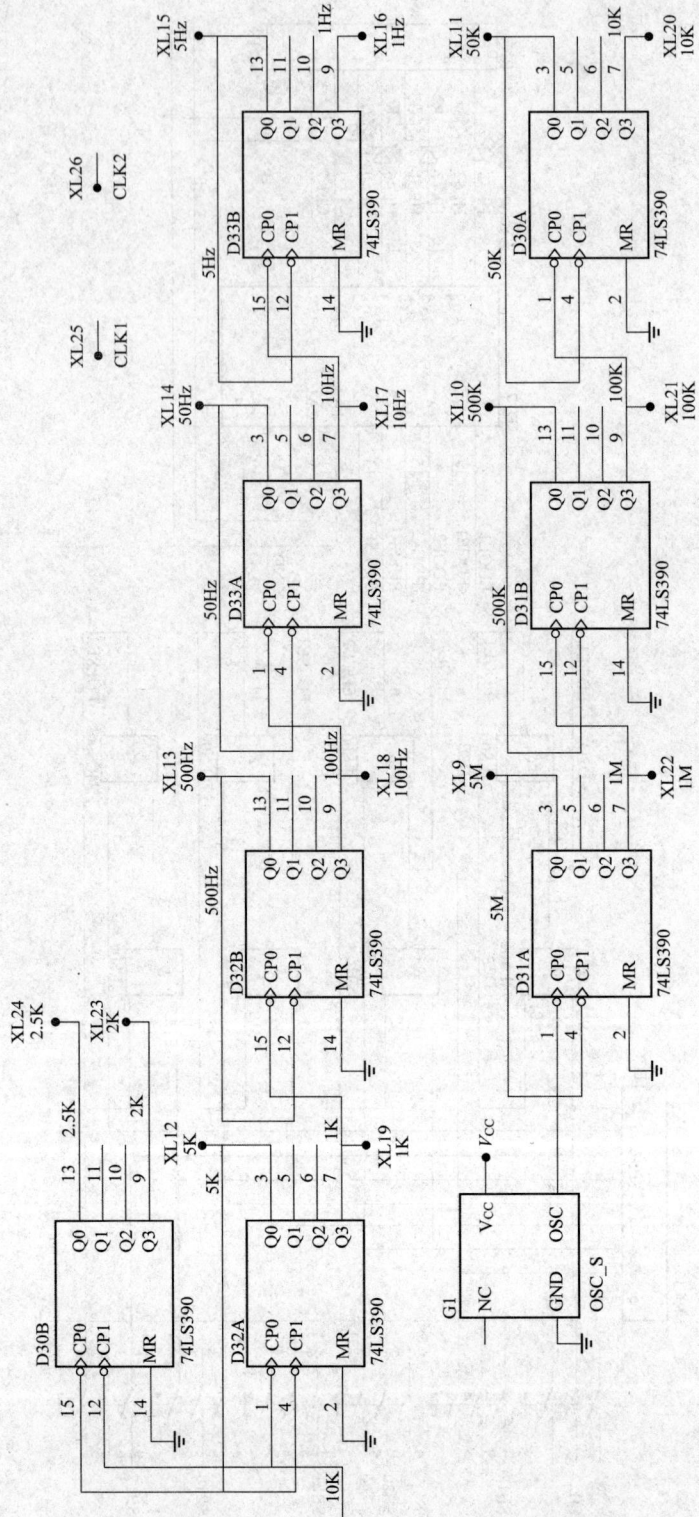

图 4-10-17　脉冲源电路

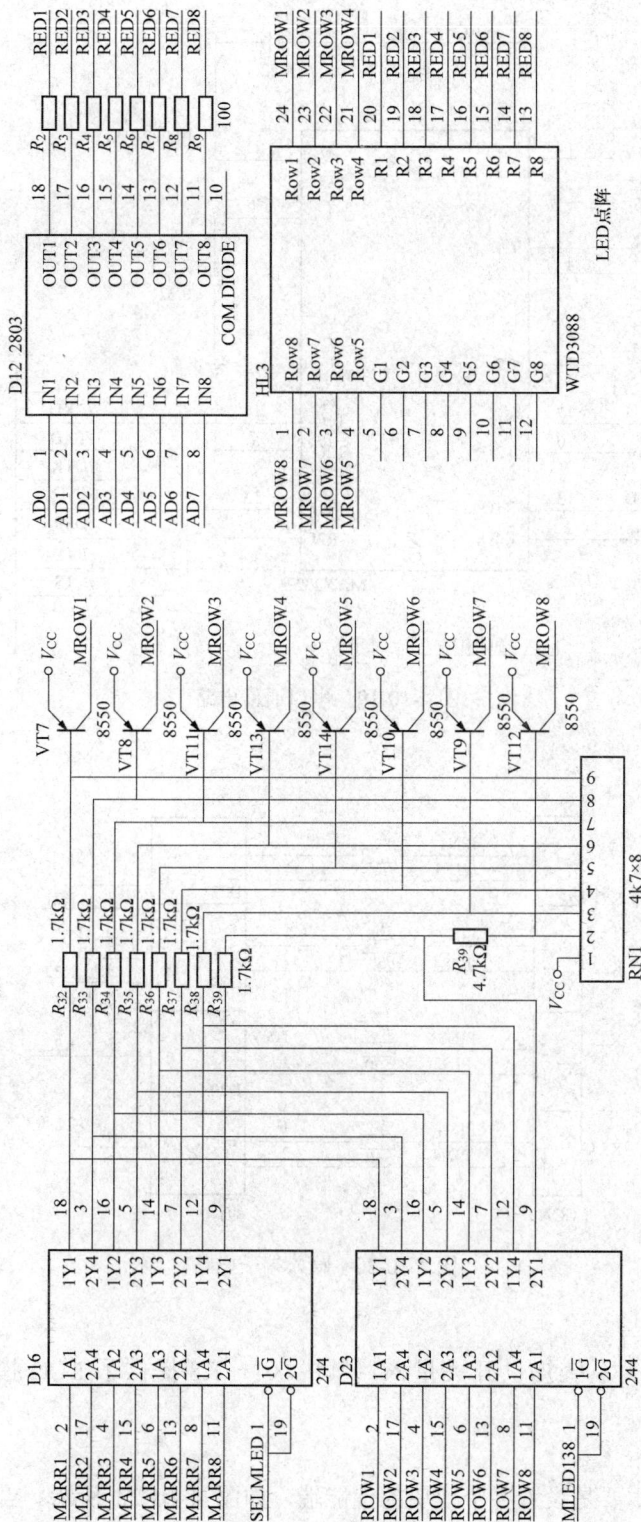

图 4-10-18　LED 点阵电路

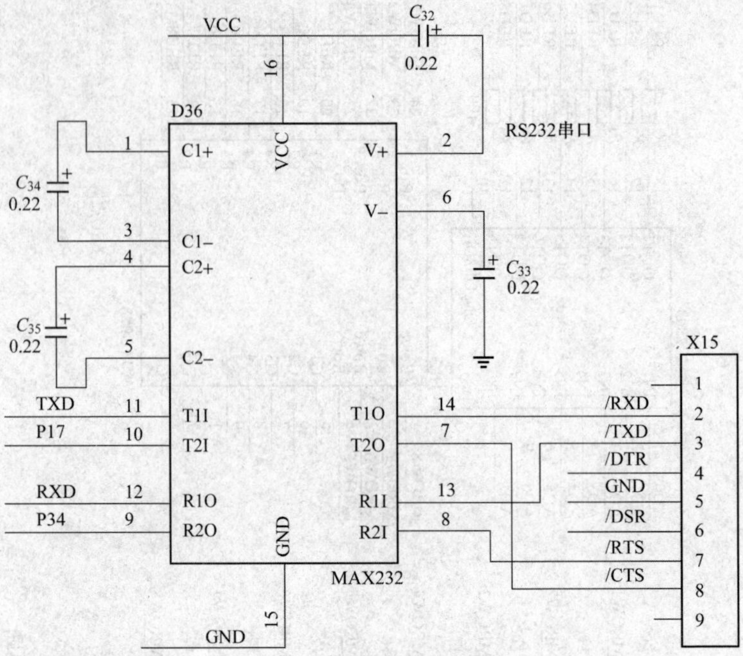

图 4-10-19　串口通信电路

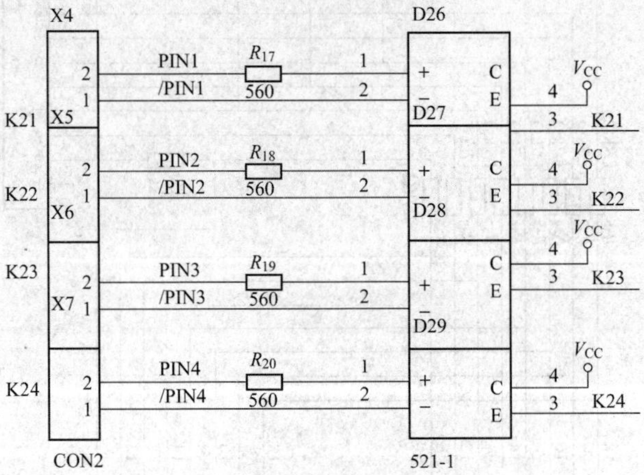

图 4-10-20　输入端子电路

21.　开关设置

开关设置模块为系统提供开关量入，其中 K1～K8 提供了 LED 指示，如图 4-10-21 所示。

22.　设置跳接

设置跳接模块主要是设置各个模块的使能端，如图 4-10-22 所示。当模块不工作时，通过控制使能端来关闭该模块的输出，各开关的具体控制模块见表 4-10-3。

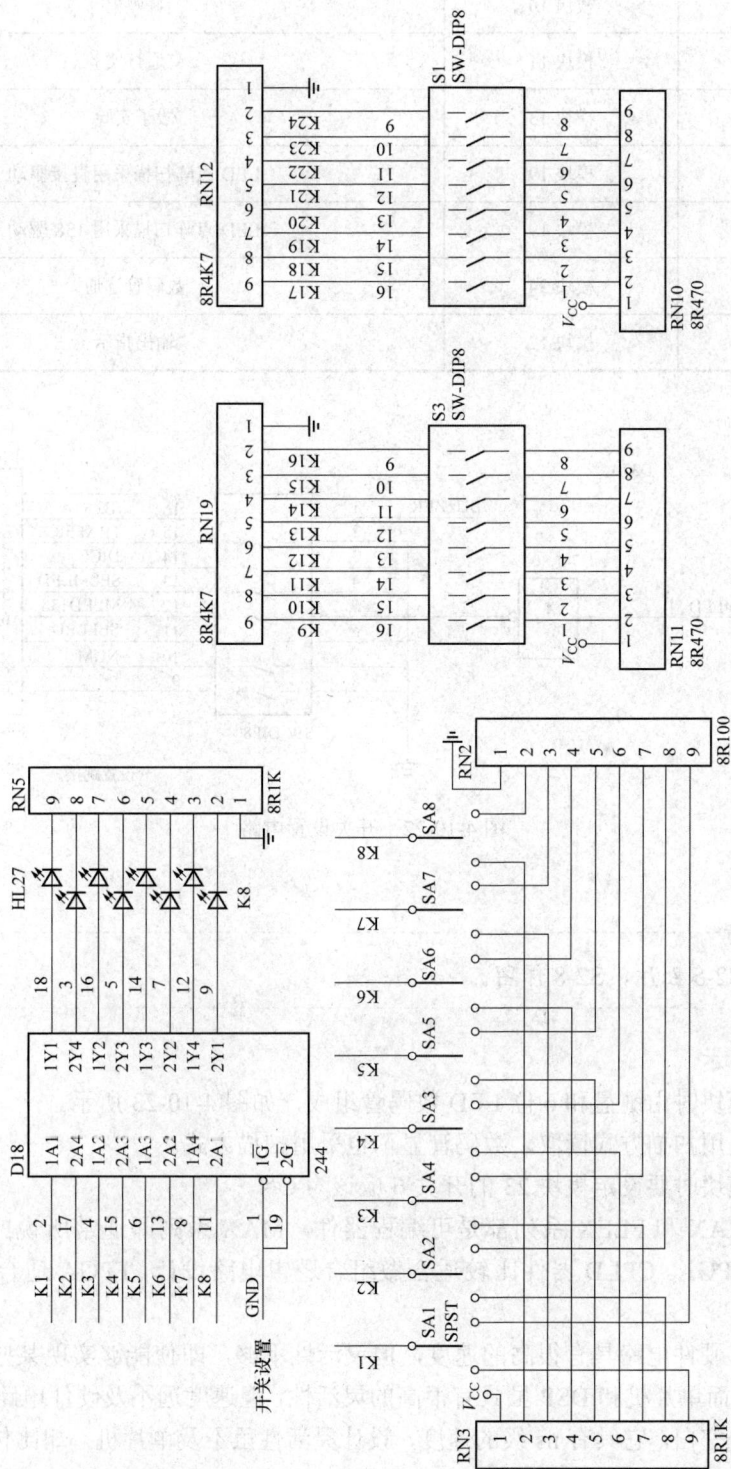

图 4-10-21　开关设置电路

表 4-10-3　　　　　　　　　　　开关与模块功能对应关系

S2-1	模块 10	蜂鸣器
S2-2	模块 11	交通灯实验
S2-3	模块 13	骰子实验
S2-4	模块 19	LED 点阵扫描采用直接驱动
S2-5	模块 19	LED 点阵扫描采用 138 驱动
S2-6	模块 24	数码管选通
S2-7	模块 12	输出指示

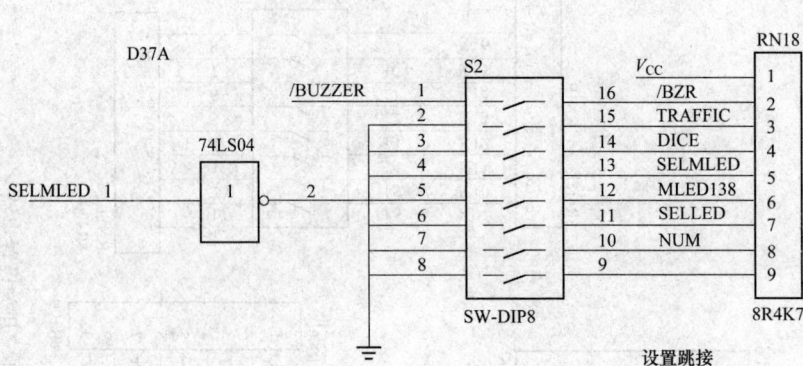

图 4-10-22　开关设置电路

注意

S2-4 与 S2-5 互斥，S2-8 保留。

23．键盘显示

键盘显示模块时由键盘和 6 位 LED 数码管组成，如图 4-10-23 所示。

键盘一般采用扫描方式读取，数码管显示也采用扫描方式。

使用显示模块时要设定模块 23 的开关 6 应该为 ON。

Altera 的 MAX 和 FLEX 系列都是可编程器件，MAX 系列即通常所说的 CPLD 器件，FLEX 系列即 FPGA。CPLD 器件比较适合做组合逻辑电路设计，FPGA 适合做时序逻辑电路设计。

在控制中，硬件电路具有很高的速度，但灵活性不够，即使能够实现某些复杂设计，电路板也会很大，而单片机和 DSP 虽具有很高的灵活性，但速度远不及硬件电路，CPLD/FPGA 恰恰填补了这个空白，它具有 ns 级的速度，设计灵活性虽不及单片机，却比传统的电路设计灵活性高得多。

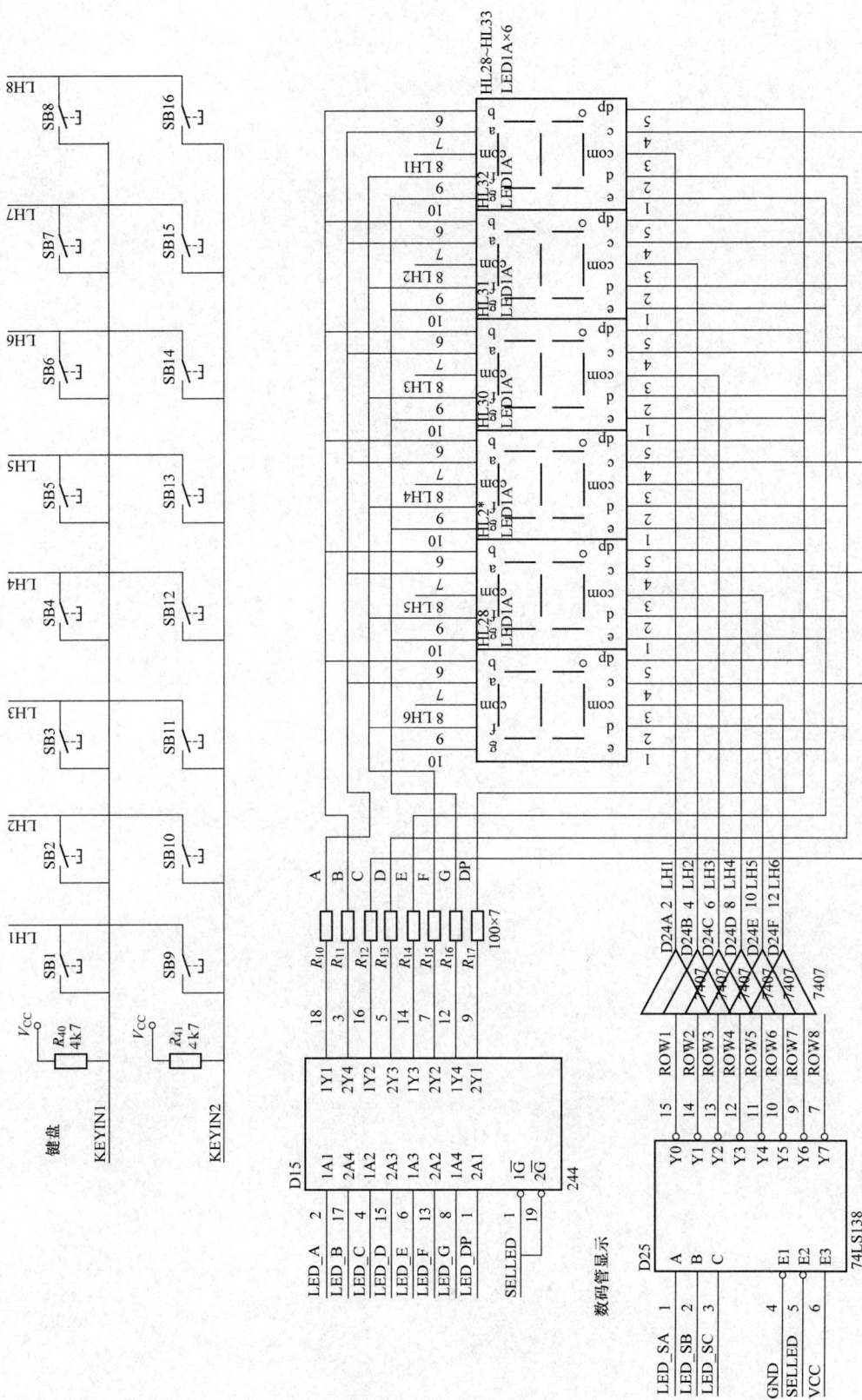

图 4-10-23 键盘显示电路

附录 A 数字电子技术基础实验考核表

班级：   姓名：   学号：   年 月 日

	实验一 基本逻辑门电路入门及数字实验仪的使用练习
预习思考	1. 数字电路中最基本的逻辑功能有哪些？
	2. 如何设计真值表？
	3. 逻辑状态、逻辑电平表示方法。

	逻辑功能测试（与功能：$Y=AB$）	
实验数据	真值表	集成电路连接图

逻辑功能测试（或功能：$Y=A+B+C$)		
真值表		集成电路连接图

（实验数据）

逻辑功能测试（非功能）		
真值表		集成电路连接图

实　验　总　结

1. 对实验测试结果做出合理的分析和结论，总结各种逻辑功能的特点。

2. 画出最常用的集成电路封装式样。如果有一个芯片引出管脚为 20h，那么哪个管脚是"地"，哪个管脚是"电源"？

预习	优	良	中	及格	不及格	指导教师：
实验	优	良	中	及格	不及格	
总成绩	优	良	中	及格	不及格	

班级：　　　　　　姓名：　　　　　　学号：　　　　　　年　　月　　日

	实验二　TTL "与非门" 特性测试及应用

<table>
<tr><td rowspan="2">预习思考</td><td>1. TTL "与非" 门的哪一个系列工作速度最快，为什么？</td></tr>
<tr><td>2. "与非门" 的逻辑功能是什么？</td></tr>
</table>

	逻辑功能测试

1. 两输入 "与非" 门电压传输特性测试：

V_I (V)	0	0.5	0.6	0.7	0.8	0.9	1	1.1
V_O (V)								
V_I (V)	1.2	1.3	1.4	1.5	1.6	1.7	2	5
V_O (V)								

2. "与非" 门输入电流测试：

I_{IH}	I_{IL}

3. 输出电流测试

I_{OH1}	I_{OH4}	I_{OH8}	I_{OL1}	I_{OL4}	I_{OL8}

4. 静态功耗测试

I_{E1}	I_{E2}	P

(左侧竖排："实验数据")

实验数据	真值表					集成电路连接图
	A	B	C	D	Y	
	0	0	0	0		
	0	0	0	1		
	0	0	1	0		
	0	0	1	1		
	0	1	0	0		
	0	1	0	1		
	0	1	1	0		
	0	1	1	1		
	1	0	0	0		
	1	0	0	1		
	1	0	1	0		
	1	0	1	1		
	1	1	0	0		
	1	1	0	1		
	1	1	1	0		
	1	1	1	1		

实　验　总　结

1. 对实验测试结果做出合理的分析和结论，总结与非门逻辑功能的特点。

2. 根据实验内容 5 "与非" 门的应用中所测的真值表，写出逻辑关系。

预习	优	良	中	及格	不及格	指导教师：
实验	优	良	中	及格	不及格	
总成绩	优	良	中	及格	不及格	

| 班级： | 姓名： | 学号： | 年 月 日 |

<table>
<tr><td colspan="2">实验三 "OC"门、"三态"门的特性及应用</td></tr>
<tr><td rowspan="2">预习思考</td><td>1. 什么是总线？什么是单总线？什么是双总线？</td></tr>
<tr><td>2. "OC"门有哪些应用，列举三种。</td></tr>
</table>

"OC"门逻辑功能测试

真值表			集成电路连接图
A	B	Y	
0	0		
0	1		
1	0		
1	1		

"OC"门实现"线与"逻辑

真值表				集成电路连接图
A	B	C	Y	
0	0	0		
0	0	1		
0	1	0		
0	1	1		
1	0	0		
1	0	1		
1	1	0		
1	1	1		

实验数据

实验数据	三态门实现"总线"操作		
	（1）逻辑功能测试		
	控制 C	输入 A	输出 Y
	1	0	对地电压（　　） 对＋5V 电压（　　）
	1	1	对地电压（　　） 对＋5V 电压（　　）
	0	0	逻辑电平（　　）
	0	1	逻辑电平（　　）

（2）三态门总线操作

C_1	C_2	C_3	A_3	A_2	A_1	Y
0	1	1	×	×	0 1	
1	0	1	×	0 1	×	
1	1	0	0 1	×	×	

实 验 总 结

1. 整理实验数据，说明"线与""总线"的逻辑功能。

2. 三态门和"OC"门都可以形成总线，它们之间的差异是什么？

预习	优	良	中	及格	不及格	指导教师：
实验	优	良	中	及格	不及格	
总成绩	优	良	中	及格	不及格	

| 班级： | 姓名： | 学号： | 年 月 日 |

实验四 用基本逻辑门实现逻辑函数及证明逻辑代数

<table>
<tr>
<td rowspan="2">预习思考</td>
<td>1. 逻辑代数基本的证明方法有哪几种？</td>
</tr>
<tr>
<td>2. 什么是摩根定律？</td>
</tr>
<tr>
<td rowspan="2">实验数据</td>
<td>

1. 用逻辑电路证明分配律 $A+BC=(A+B)(A+C)$。

输入			输出		输入			输出	
A	B	C	F_1	F_2	A	B	C	F_1	F_2
0	0	0			1	0	0		
0	0	1			1	0	1		
0	1	0			1	1	0		
0	1	1			1	1	1		

自行设计电路，证明逻辑表达式
$A(B+C)=AB+AC$
电路图：

2. 用逻辑电路证明摩根定律 $\overline{A \cdot B}=\overline{A}+\overline{B}$，$\overline{A+B}=\overline{A} \cdot \overline{B}$。

</td>
</tr>
</table>

自拟记录表格，并记录实验结果。

3. 证明逻辑函数：$\overline{\overline{AB} \cdot \overline{CD}} = AB + CD$ 。

输入				输出		输入				输出	
A	B	C	D	F_1	F_2	A	B	C	D	F_1	F_2
0	0	0	0			1	0	0	0		
0	0	0	1			1	0	0	1		
0	0	1	0			1	0	1	0		
0	0	1	1			1	0	1	1		
0	1	0	0			1	1	0	0		
0	1	0	1			1	1	0	1		
0	1	1	0			1	1	1	0		
0	1	1	1			1	1	1	1		

4. 自行设计电路，证明 $\overline{\overline{A+B} + \overline{C+D}} = (A+B)(C+D)$ 。

实验数据

实 验 总 结

能否将与非门、或非门、异或门当成反相器使用？如果可以，各输入端应如何连接？

预习	优	良	中	及格	不及格	指导教师：
实验	优	良	中	及格	不及格	
总成绩	优	良	中	及格	不及格	

班级：　　　　　　姓名：　　　　　　学号：　　　　　　年　　月　　日

	实验五　二进制并联加/减法器

<table>
<tr><td rowspan="2">预习思考</td><td>1. 何为半加器和全加器？说出二者的区别。</td></tr>
<tr><td>2. 什么是补码？减法如何转化为加法？</td></tr>
</table>

实 验 数 据

1. 验证 74LS283 逻辑功能。

被加数					加数					低位进位	输出（加法运算）
A_3	A_2	A_1	A_0	十进制	B_3	B_2	B_1	B_0	十进制	C_0	$C_4 S_3 S_2 S_1 S_0$ 十进制
1	1	0	0	12	0	0	1	1	3	0	
1	0	1	0	10	1	1	0	1	13	0	
0	1	0	0	4	1	0	0	1	9	1	
0	1	1	0	6	1	1	1	0	14	0	
0	1	1	1	7	0	1	1	0	6	1	
0	0	1	0	2	1	0	0	0	8	1	
0	1	0	1	5	1	1	0	0	12	0	
1	1	1	1	15	1	1	1	0	14	0	

2. 四位二进制并联加/减法器功能验证。

被加数					加数					输出（加法运算）$C_4 S_3 S_2 S_1 S_0$ 十进制	输出（减法运算）$C_4 S_3 S_2 S_1 S_0$ 十进制
A_3	A_2	A_1	A_0	十进制	B_3	B_2	B_1	B_0	十进制		
1	1	1	1	15	1	1	1	0	14		
0	0	1	0	2	0	1	0	0	4		
1	0	1	1	11	0	0	0	0	0		
0	1	1	0	6	1	0	0	1	9		
1	0	0	0	8	0	1	0	1	5		
0	1	1	1	7	0	1	1	1	7		
0	1	0	1	5	0	1	0	0	4		
1	0	1	0	10	1	1	1	1	15		

实验数据	3. 用两片 74LS283 和必要的门电路实现一个 BCD 码的加法器测试。 自拟测试表格 设计电路图

实 验 总 结

1. 在并联加/减法中，"异或"门的作用是什么？控制器 S 为 0 或 1 时，经"异或"门后输入数据 B 如何变化？

2. 在做减法运算时，显示进位输出指示灯什么时候亮，什么时候灭？为什么？

预习	优	良	中	及格	不及格	指导教师：
实验	优	良	中	及格	不及格	
总成绩	优	良	中	及格	不及格	

班级：　　　　　　姓名：　　　　　　学号：　　　　　年　　月　　日

实验六　异或门电路			

预习思考

1. 异或门的工作原理是什么？

2. 异或门逻辑函数有几种表示方法？分别怎样表示？

3. 复习半加器和全加器的基本功能。

实验数据

用与-或-非门组成异或门

A	B	Y_1	Y_2
0	0		
0	1		
1	0		
1	1		

自行设计异或门

写出最小项表达式、画出逻辑电路和真值表，并验证逻辑功能。

	异或门的应用								
	用异或门和与非门组成半加器				用异或门、或门和与门组成全加器				
	A	B	S	C	A	B	C	S	$C_。$
实验数据	0	0			0	0	0		
					0	0	1		
	0	1			0	1	0		
					0	1	1		
	1	0			1	0	0		
					1	0	1		
	1	1			1	1	0		
					1	1	1		

实 验 总 结

1. 对实验测量结果做出合理的分析和结论，总结异或门电路的性能特点以及自行设计异或门电路的基本过程。

2. 分析逻辑函数中最大项和最小项的关系。

预习	优	良	中	及格	不及格	指导教师：
实验	优	良	中	及格	不及格	
总成绩	优	良	中	及格	不及格	

班级：　　　　　姓名：　　　　　学号：　　　　　年　月　日

实验七　编码器、译码器与数据分配器												

预习思考

1. 编码器、译码器的工作原理是什么？

2. 如何用译码器实现组合逻辑函数？

实验数据

编码器逻辑功能测试

$\bar{I}_1$	$\bar{I}_2$	$\bar{I}_3$	$\bar{I}_4$	$\bar{I}_5$	$\bar{I}_6$	$\bar{I}_7$	$\bar{I}_8$	$\bar{I}_9$	$\bar{Y}_3$	$\bar{Y}_2$	$\bar{Y}_1$	$\bar{Y}_0$
1	1	1	1	1	1	1	1	1				
×	×	×	×	×	×	×	×	0				
×	×	×	×	×	×	×	0	1				
×	×	×	×	×	×	0	1	1				
×	×	×	×	×	0	1	1	1				
×	×	×	×	0	1	1	1	1				
×	×	×	0	1	1	1	1	1				
×	×	0	1	1	1	1	1	1				
×	0	1	1	1	1	1	1	1				
0	1	1	1	1	1	1	1	1				

译码器逻辑功能测试

B	A	$\bar{Y}_0$	$\bar{Y}_1$	$\bar{Y}_2$	$\bar{Y}_3$
0	0				
0	1				
1	0				
1	1				

用 3 线-8 线译码器和二 4 输入与非门实现全加的功能

A	B	C	C_0	S
0	0	0		
0	0	1		
0	1	0		

	0	1	1	
	1	0	0	
	1	0	1	
	1	1	0	
	1	1	1	

用 3 线-8 线译码器实现函数 $Y=ABC+\overline{A}B\overline{C}+\overline{A}\overline{B}C+A\overline{B}\overline{C}+AB\overline{C}$

	A	B	C	Y
实验数据	0	0	0	
	0	0	1	
	0	1	0	
	0	1	1	
	1	0	0	
	1	0	1	
	1	1	0	
	1	1	1	

用 3 线-8 线译码器构成数据分配器

C	B	A	$\overline{Y}_0$	$\overline{Y}_1$	$\overline{Y}_2$	$\overline{Y}_3$	$\overline{Y}_4$	$\overline{Y}_5$	$\overline{Y}_6$	$\overline{Y}_7$
0	0	0								
0	0	1								
0	1	0								
0	1	1								
1	0	0								
1	0	1								
1	1	0								
1	1	1								

实 验 总 结

说明用 3 线-8 线译码器实现逻辑函数的基本步骤。

预习	优	良	中	及格	不及格	指导教师:
实验	优	良	中	及格	不及格	
总成绩	优	良	中	及格	不及格	

班级：　　　　　　姓名：　　　　　　学号：　　　　　　年　　月　　日

实验八　数据选择器及其应用				

预习思考	1. 数据选择器的逻辑功能及使用方法是什么？				
	2. 使用数据选择器实验逻辑函数的基本思路是什么？				
	3. 怎样使用两个 4 选 1 数据选择器组成一个 8 选一数据选择器？				

实验数据	数据选择器实现全加器				
	C	B	A	S	C_0
	0	0	0		
	0	0	1		
	0	1	0		
	0	1	1		
	1	0	0		
	1	0	1		
	1	1	0		
	1	1	1		

8 路数据传输系统

地址选择开关			$D_7 \sim D_0$ 输入 10011011	$D_7 \sim D_0$ 输入 10011011
SW_3	SW_2	SW_1	$\overline{y_0}\ \overline{y_1}\ \overline{y_2}\ \overline{y_3}\ \overline{y_4}\ \overline{y_5}\ \overline{y_6}\ \overline{y_7}$	$\overline{y_0}\ \overline{y_1}\ \overline{y_2}\ \overline{y_3}\ \overline{y_4}\ \overline{y_5}\ \overline{y_6}\ \overline{y_7}$
0	0	0		
0	0	1		

	0	1	0		
	0	1	1		
	1	0	0		
	1	0	1		
	1	1	0		
	1	1	1		

<table>
<tr><td rowspan="10">实验数据</td><td colspan="5" align="center">数据选择器实现数据比较器</td></tr>
<tr><td colspan="5">1．按设计的电路将 74LS153 连接成数据比较器。</td></tr>
<tr><td colspan="5">

</td></tr>
<tr><td colspan="5">2．拟订测试表格。</td></tr>
<tr><td colspan="5">

</td></tr>
</table>

实 验 总 结

1．为什么用数据选择器能实现逻辑函数？

2．根据使能端两种取值变化，试讨论 74LS153 电路输出 Y 的逻辑函数式。

预习	优	良	中	及格	不及格	指导教师：
实验	优	良	中	及格	不及格	
总成绩	优	良	中	及格	不及格	

班级：　　　　　　姓名：　　　　　　学号：　　　　　　年　　月　　日

<table>
<tr><td colspan="4" align="center">实验九　组合逻辑电路的设计</td></tr>
<tr><td rowspan="2">预习思考</td><td colspan="3">1. 组合逻辑电路的设计方法、原则及步骤是什么？</td></tr>
<tr><td colspan="3">2. 组合逻辑电路竞争冒险的产生原因是什么？如何消除？</td></tr>
</table>

	表决电路测试			
	C	B	A	Y
实验数据	0	0	0	
	0	0	1	
	0	1	0	
	0	1	1	
	1	0	0	
	1	0	1	
	1	1	0	
	1	1	1	

实　验　总　结

1. 画出表决电路的逻辑电路图。

2. 分析利用 74LS153 实现逻辑函数 $Y=A\overline{B}\overline{C}+\overline{A}\overline{C}+BC$ 的过程，画出利用 74LS153 实现逻辑函数 $Y=A\overline{B}\overline{C}+\overline{A}\overline{C}+BC$ 的逻辑电路图。

3．分析用 74LS283 实现将余 3 代码转换成 BCD 代码电路的设计过程，设计测试表格并画出逻辑电路图。

4．用 74LS138 及必要的门电路实现多输出函数 $Y_1=ABC$ 、$Y_2=\overline{A}\overline{B}C+A\overline{B}\overline{C}+BC$ 、$Y_3=\overline{B}\overline{C}+AB\overline{C}$ ，画出测试表格及逻辑电路图。

5．分析用 74LS151 实现函数 $Y=\overline{A}CD+ABC+A\overline{B}\overline{C}D$ 的过程，画出逻辑电路图及实验结果表格。

6．分析图 2-9-1 产生竞争冒险的原因，并给出消除方法。

预习	优	良	中	及格	不及格	指导教师：
实验	优	良	中	及格	不及格	
总成绩	优	良	中	及格	不及格	

班级：　　　　　　　姓名：　　　　　　　　学号：　　　　　　　年　　月　　日

<table>
<tr><td colspan="2" align="center">实验十　触　发　器</td></tr>
<tr><td rowspan="4" align="center">预习思考</td><td>1. JK、D 触发器的工作原理是什么？</td></tr>
<tr><td>2. JK、D 触发器的逻辑表达式是什么？</td></tr>
<tr><td>3. 画出 JK、D 触发器的芯片引脚图。</td></tr>
<tr><td align="center">触发器异步输入端功能测试</td></tr>
</table>

实验数据	$\overline{R}=0$ $\overline{S}=0$			$\overline{R}=0$ $\overline{S}=1$			$\overline{R}=1$ $\overline{S}=0$			$\overline{R}=1$ $\overline{S}=1$		
	J	K	Q $\overline{Q}$	J	K	Q $\overline{Q}$	J	K	Q $\overline{Q}$	J	K	Q $\overline{Q}$
	0	0		0	0		0	0		0	0	
	0	1		0	1		0	1		0	1	
	1	0		1	0		1	0		1	0	
	1	1		1	1		1	1		1	1	

触发器异步输入端功能测试											
$\overline{R}=0$ $\overline{S}=0$			$\overline{R}=0$ $\overline{S}=1$			$\overline{R}=1$ $\overline{S}=0$			$\overline{R}=1$ $\overline{S}=1$		
D	Q	$\overline{Q}$	D	Q	$\overline{Q}$	D	Q	$\overline{Q}$	D	Q	$\overline{Q}$
0			0			0			0		
1			1			1			1		

JK 触发器逻辑功能测试			
$J \quad K$	CP	Q_{n+1}	
		$Q_n=0$	$Q_n=1$
0　0	0		
	1		
0　1	0		
	1		
1　0	0		
	1		
1　1	0		
	1		

D 触发器逻辑功能测试			
D	CP	Q_{n+1}	
		$Q_n=0$	$Q_n=1$
0	0		
	1		
1	0		
	1		

实验数据

实验数据	JK 触发器构成 T 触发器			
	T	CP	Q_{n+1}	
			$Q_n=0$	$Q_n=1$
	0	0		
		1		
	1	0		
		1		
	三个 JK 触发器连接成八分频器分频波形图			
	三个 D 触发器构成八分频器分频波形图			

实验数据	三个 D 触发器组成的 3 位右移移位寄存器波形图

实　验　总　结

1. 请分析各触发器的工作时沿特性。

2. 画出 JK 触发器、D 触发器的构成电路，标注 JK、D 触发器定义表达式。

预习	优	良	中	及格	不及格	指导教师：
实验	优	良	中	及格	不及格	
总成绩	优	良	中	及格	不及格	

班级：　　　　　　姓名：　　　　　　学号：　　　　　　年　月　日

实验十一　移位寄存器及其应用

<table>
<tr><td rowspan="6">预习思考</td><td colspan="3">1．熟悉 74LS194 的逻辑功能及使用方法。</td></tr>
<tr><td colspan="3"></td></tr>
<tr><td colspan="3">2．预习串并行转换的工作原理。</td></tr>
<tr><td colspan="3"></td></tr>
<tr><td colspan="3">3．画出 74LS194 的芯片引脚图。</td></tr>
<tr><td colspan="3"></td></tr>
</table>

实验数据	74LS194 移位功能测试								
		Q_0	Q_1	Q_2	Q_3	Q_0	Q_1	Q_2	Q_3
	初态	1	0	1	0	1	0	1	0
	第一个脉冲作用后								
	第二个脉冲作用后								
	第三个脉冲作用后								
	第四个脉冲作用后								

触发器异步输入端功能测试									
	D_{SR}	Q_0	Q_1	Q_2	Q_3	D_{SL}	Q_0	Q_1	Q_2	Q_3
初态	1					1				
第一个脉冲作用后	1					1				
第二个脉冲作用后	0					0				
第三个脉冲作用后	0					0				
第四个脉冲作用后	1					1				

七位串行-并行代码转换器								
	D_{SR}	Q_0	Q_1	Q_2	Q_3	Q_4	Q_5	Q_6	Q_7
初态	1								
第一个脉冲作用后	1								
第二个脉冲作用后	0								
第三个脉冲作用后	0								
第四个脉冲作用后	1								
第五个脉冲作用后	0								
第六个脉冲作用后	1								
第七个脉冲作用后	0								

脉冲分配器

CP	Q_0 Q_1 Q_2 Q_3	CP	Q_0 Q_1 Q_2 Q_3
0		0	
1		6	
2		7	
3		8	
4		9	
5		10	

实 验 总 结

74LS194 并行输入数据时，工作模式控制端怎样设置？

预习	优	良	中	及格	不及格	指导教师：
实验	优	良	中	及格	不及格	
总成绩	优	良	中	及格	不及格	

（实验数据）

班级：　　　　　　姓名：　　　　　　　　学号：　　　　　　　年　　月　　日

	实验十二　计数器及其应用
	1．了解同步可逆计数器的逻辑功能及使用方法。
预习思考	2．掌握同步十进制计数器构成 N 进制计数器的方法。
	3．画出 74LS192 的芯片引脚图。

实验数据

同步十进制可逆计数器的功能测试

CP_D	Q_D	Q_C	Q_B	Q_A	CP_U	Q_D	Q_C	Q_B	Q_A
	0	0	0	0		0	0	0	0
1					1				
2					2				
3					3				
4					4				
5					5				
6					6				
7					7				
8					8				
9					9				
10					10				

可逆计数器组成移位寄存器								
CP	输入 A	Q_D Q_C Q_B Q_A			CP	输入 D	Q_D Q_C	Q_B Q_A
1	1				1	1		
2	0				2	1		
3	0				3	0		
4	1				4	1		

七进制计数器功能测试				
CP	Q_D	Q_C	Q_B	Q_A
	0	0	0	0
1				
2				
3				
4				
5				
6				

环形计数器				
CP	Q_D	Q_C	Q_B	Q_A
	0	0	0	1
1				
2				
3				
4				
5				
6				

(左侧纵栏：实验数据)

实 验 总 结

说明 74LS192 各使能端的工作特性。

预习	优	良	中	及格	不及格	指导教师：
实验	优	良	中	及格	不及格	
总成绩	优	良	中	及格	不及格	

班级： 姓名： 学号： 年 月 日

实验十三 计数、译码和显示

<table>
<tr><td rowspan="3">预习思考</td><td>1. 熟悉 74LS160 的逻辑功能及使用方法。</td></tr>
<tr><td>2. 用预置复位法将同步十进制计数器 74LS160 组成一个八进制计数器。</td></tr>
</table>

74LS160 的逻辑功能测试

输入					输出	功能
$\overline{CR}$	CP	$\overline{LD}$	P	T	Q_A $\quad Q_B$ $\quad Q_C$ $\quad Q_D$	功能
0	×	×	×	×		清零
1		0	×	×		预置
1		1	0	×		保持
1		1	×	0		保持
1		1	1	1		计数

74LS48 的逻辑功能测试

$\overline{LT}$	$\overline{RBI}$	$\overline{RBO}$	D	C	B	A	a	b	c	d	e	f	g	显示字符
H	×	H	0	0	0	0								
H	×	H	0	0	1	1								
H	×	H	0	1	0	1								
H	×	H	1	0	0	0								
H	×	H	1	0	0	1								
×	×	L	×	×	×	×								
H	L	×	0	0	0	0								
L	×	H	×	×	×	×								

（实验数据）

实　验　总　结

1. 74LS160 采用两种清零和复位方式实现八进制计数器，请分别画出设计电路。

（1）清零方式：

（2）复位方式：

2. 采用 74LS160 设计实现二十五进制计数器，并画出连接电路。

预习	优	良	中	及格	不及格	指导教师：
实验	优	良	中	及格	不及格	
总成绩	优	良	中	及格	不及格	

班级：　　　　　　姓名：　　　　　　　学号：　　　　　　年　　月　　日

实验十四　同步时序电路逻辑设计	
预习思考	同步时序电路的设计方法及过程是什么？
	设计同步序列检测器
实验数据	记录设计的全过程及推导方法，并画出逻辑电路图。

实验数据	设计十一进制计数器					
	记录设计的全过程及推导方法，并画出逻辑电路图。					
	设计广告灯控制电路					
	记录设计的全过程及推导方法，并画出逻辑电路图。					

实 验 总 结

时序逻辑电路和组合逻辑电路在逻辑功能上和电路结构上有何不同。

预习	优	良	中	及格	不及格	指导教师：
实验	优	良	中	及格	不及格	
总成绩	优	良	中	及格	不及格	

班级：		姓名：		学号：			年　　月　　日

<table>
<tr><td colspan="8" align="center">实验十五　555 集成定时器及其应用</td></tr>
<tr><td rowspan="9">预习思考</td><td colspan="7">1. 熟悉 555 集成定时器的工作原理。</td></tr>
<tr><td colspan="7" style="height:260px;"></td></tr>
<tr><td colspan="7">2. 画出 NE555 集成定时器的真值表。</td></tr>
<tr><td colspan="7" style="height:260px;"></td></tr>
<tr><td colspan="7">3. 画出 NE555 的芯片引脚图。</td></tr>
<tr><td colspan="7" style="height:260px;"></td></tr>
</table>

实验数据	555 定时器构成多谐振荡器
	检查连接电路无误后接通电源，用示波器观测 V_C 和 V_D 电压波形，并画出实验电路和波形图。
	555 定时器构成施密特触发器
	检查连接电路无误后接通电源，用示波器观测 V_C 和 V_D 电压波形，并画出波形图。

	555 定时器构成单稳态触发器
实验数据	外来触发信号 V_i采用连续脉冲，其频率为 1kHz，用示波器观测 V_i、V_o 和 V_c 电压波形。
	555 定时器构成占空比可调的脉冲信号源
	1. 连接电路，检查无误后接通电源，将电位器 R_w 顺时针旋到底，记录 V_o 电压波形，然后切断电源，测量 R_A 和 R_B 的电阻值。
	2. 检查无误后接通电源，将电位器 R_w 逆时针旋到底，记录 V_o 电压波形，然后切断电源，测量 R_A 和 R_B 的电阻值。
	3. 检查无误后接通电源，调整电位器 R_w，使 V_o 输出为对称方波，记录 V_c、V_o 电压波形，然后切断电源，测量 R_A 和 R_B 的电阻值。

实 验 总 结

1. 请分析由 555 定时器组成的施密特触发器的工作原理。

2. 请总结由 555 定时器组成的多谐振荡器振荡周期 T 的表达式、单稳态触发器输出脉冲宽度表达式。

预习	优	良	中	及格	不及格	指导教师：
实验	优	良	中	及格	不及格	
总成绩	优	良	中	及格	不及格	

附录 B　实验所用集成电路管脚排列

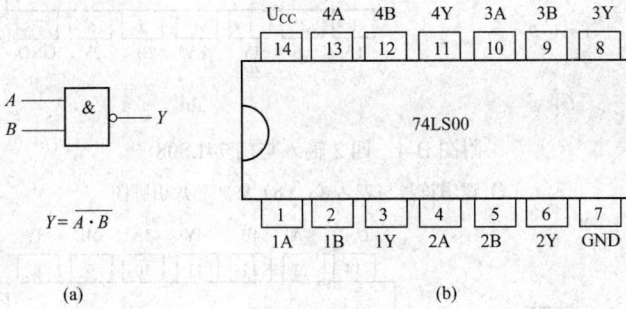

(a)

$Y = \overline{A \cdot B}$

(b)

附图 B-1　四 2 输入与非门 74LS00

（a）逻辑符号与表达式；（b）集成芯片引脚图

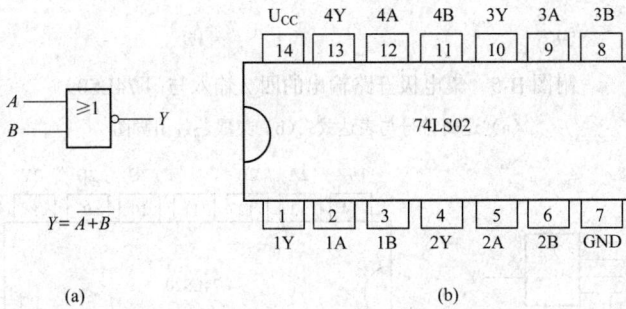

(a)

$Y = \overline{A + B}$

(b)

附图 B-2　四 2 输入或非门 74LS02

（a）逻辑符号与表达式；（b）集成芯片引脚图

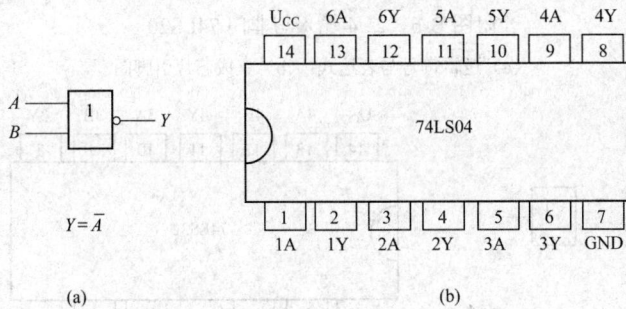

(a)

$Y = \overline{A}$

(b)

附图 B-3　四 2 输入非门 74LS04

（a）逻辑符号与表达式；（b）集成芯片引脚图

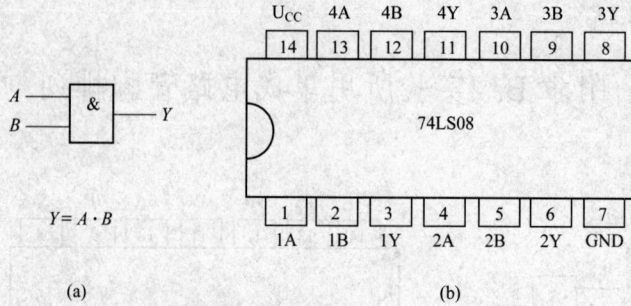

附图 B-4　四 2 输入与门 74LS08

（a）逻辑符号与表达式；（b）集成芯片引脚图

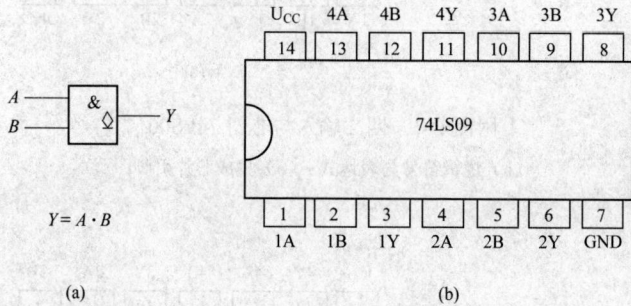

附图 B-5　集电极开路输出的四 2 输入与门 74LS09

（a）逻辑符号与表达式；（b）集成芯片引脚图

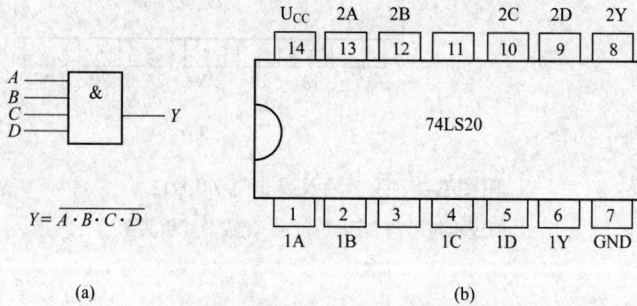

附图 B-6　二 4 输入与非门 74LS20

（a）逻辑符号与表达式；（b）集成芯片引脚图

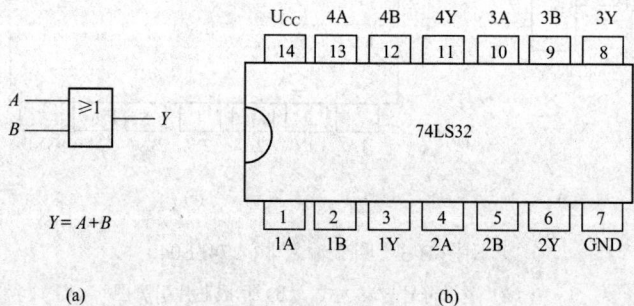

附图 B-7　四 2 输入或门 74LS32

（a）逻辑符号与表达式；（b）集成芯片引脚图

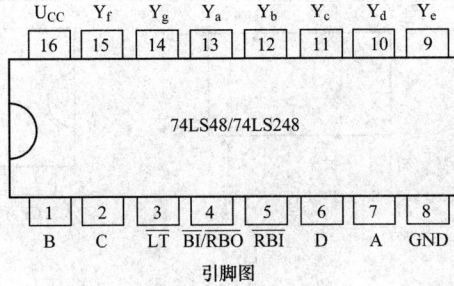

引出端符号

D、C、B、A 译码地址输入端；

$\overline{LT}$ — 灯测试输入端(低电平有效)；

Y_a、…、Y_g 一段输出；

$\overline{RBI}$ — 脉冲消隐输入端；

$\overline{BI/RBO}$ — 消隐输入、脉冲消隐输出(低电平有效)。

附图 B-8　4 线-七段显示译码/驱动器 74LS48（74LS248）

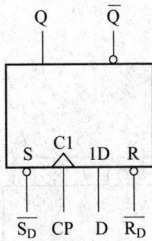

(a)

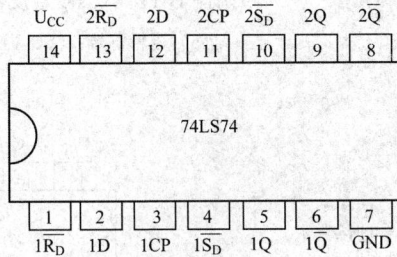

(b)

引出端符号

$\overline{S_D}$ — 直接置位端(低电平有效)；　　D — 信号输入端；

$\overline{R_D}$ — 直接复位端(低电平有效)；　　Q、$\overline{Q}$ — 输出端。

CP — 时钟触发端；

附图 B-9　双 D 触发器 74LS74

（a）逻辑符号；（b）芯片引脚图

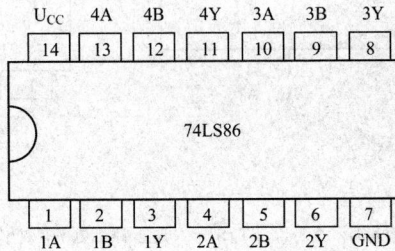

$Y = A \oplus B$

(a)　　　　　　　　　　　(b)

附图 B-10　四异或门

（a）逻辑符号异或表达式；（b）集成芯片引脚图

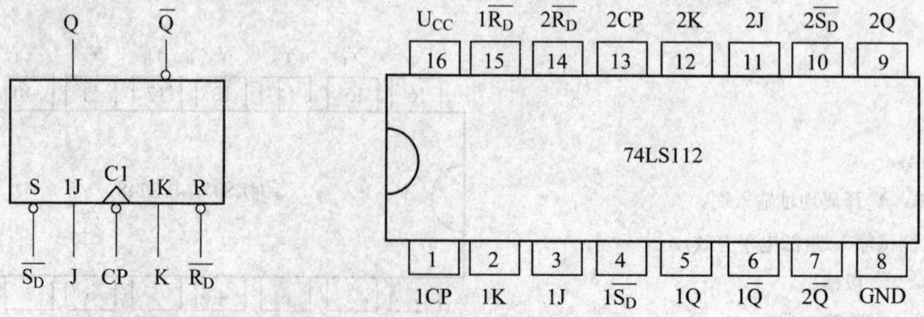

(a)

(b)

引出端符号

$\overline{S_D}$ — 直接置1端(低电平有效)；   J、K — 信号输入端；

$\overline{R_D}$ — 直接置0端(低电平有效)；   Q、$\overline{Q}$ — 输出端。

CP — 时钟触发端；

附图 B-11 双 JK 触发器 74LS112

（a）逻辑符号；（b）芯片引脚图

$C = 0$ 时 $Y = A$

$C = 1$ 时 输出禁止(高阻)

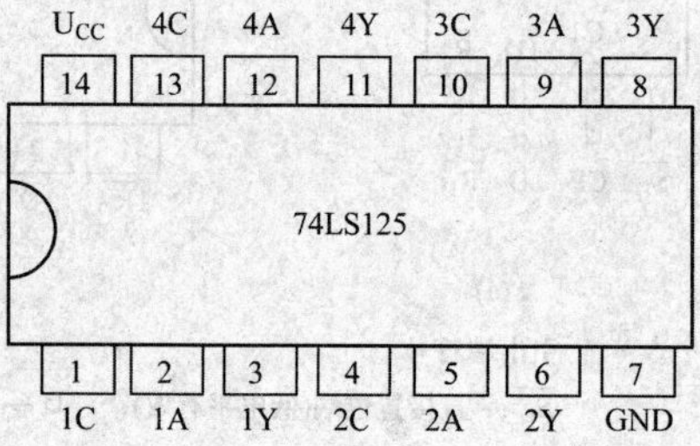

附图 B-12 三态输出的四总线缓冲器

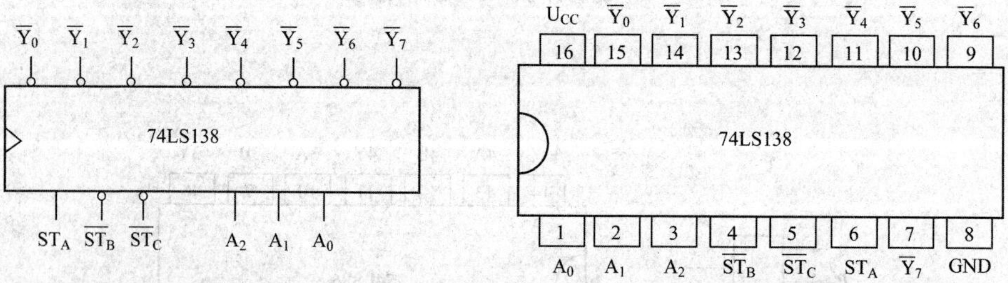

(a)

(b)

引出端符号

$A_0 \sim A_2$ — 地址输入端； $\overline{ST_B}\,\overline{ST_C}$ — 选通端(低电平有效)；

ST_A — 选通端(高电平有效)； $\overline{Y_0} \sim \overline{Y_7}$ — 译码输出端(低电平有效)。

附图 B-13 3-8 线译码器 74LS138

（a）功能示意；（b）引脚图

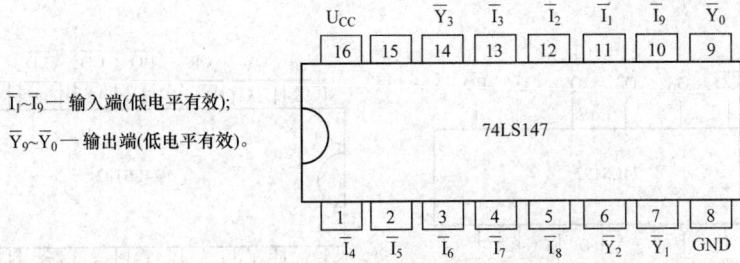

$\overline{I_1} \sim \overline{I_9}$ — 输入端(低电平有效);
$\overline{Y_9} \sim \overline{Y_0}$ — 输出端(低电平有效)。

附图 B-14   10 线十进制-4 线 BCD 优先编码器 74LS147

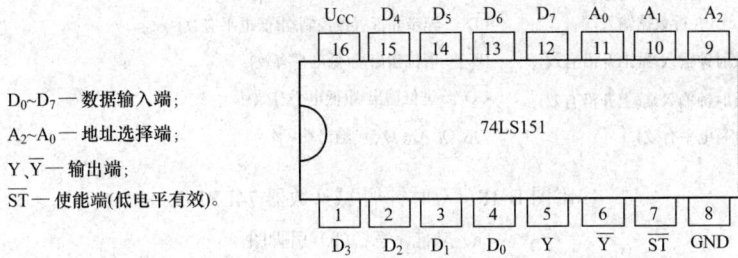

$D_0 \sim D_7$ — 数据输入端;
$A_2 \sim A_0$ — 地址选择端;
$Y, \overline{Y}$ — 输出端;
$\overline{ST}$ — 使能端(低电平有效)。

附图 B-15   8 选 1 数据选择器/多路开关 74LS151

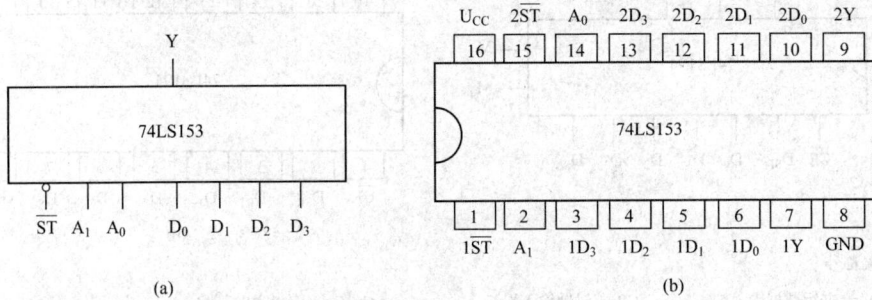

(a)   (b)

引出端符号

A_0, A_1 — 选择输入端; $D_0 \sim D_3$ — 数据输入端;
$\overline{ST}$ — 选通端(低电平有效);   Y — 数据输出端。

附图 B-16   双 4 选 1 数据选择器 74LS153
(a) 功能示意;(b) 引脚图

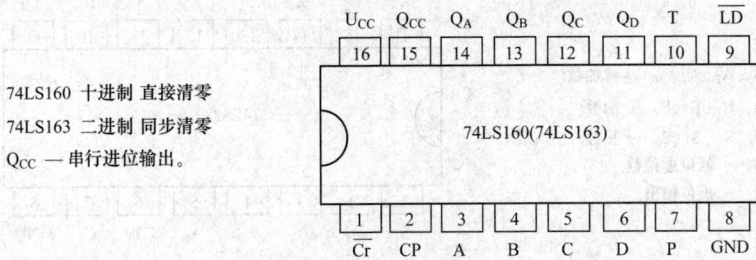

74LS160 十进制 直接清零
74LS163 二进制 同步清零
Q_{CC} — 串行进位输出。

附图 B-17   4 位同步计数器 74LS160(74LS163)

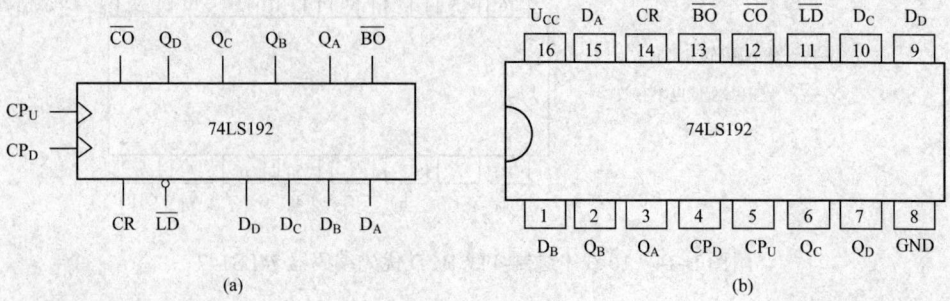

引出端符号

D_D、D_C、D_B、D_A — 并行数据输入端;　　$\overline{LD}$ — 异步并行置数控制端(低电平有效);

CP_U — 加计数时钟输入端(上升沿有效);　$\overline{BO}$ — 借位输出端(低电平有效);

CP_D — 减计数时钟输入端(上升沿有效);　$\overline{CO}$ — 进位输出端(低电平有效);

CR — 清零端(高电平有效);　　　　　　Q_D、Q_C、Q_B、Q_A — 输出端。

附图 B-18　双时钟加/减计数器 74LS192

（a）功能示意;（b）引脚图

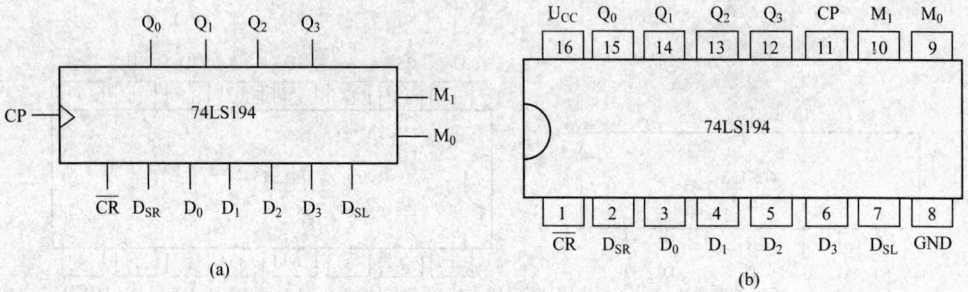

引出端符号

D_0~D_3 — 并行数据输入端;　　　CP — 时钟输入端;　　　Q_0~Q_3 — 输出端。

D_{SL} — 左移串行数据输入端;　　$\overline{CR}$ — 清除端(低电平有效);

D_{SR} — 右移串行数据输入端;　　M_0、M_1 — 工作方式控制端;

附图 B-19　双向移位寄存器 74LS194

（a）功能示意;（b）引脚图

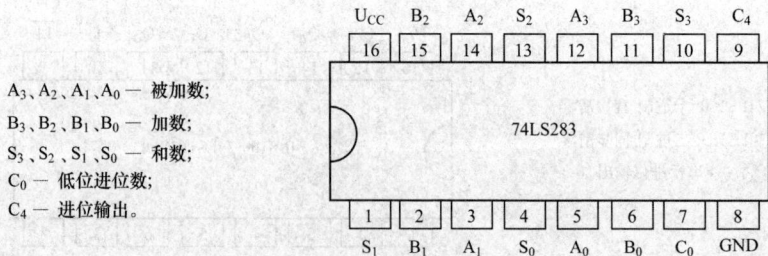

A_3、A_2、A_1、A_0 — 被加数;

B_3、B_2、B_1、B_0 — 加数;

S_3、S_2、S_1、S_0 — 和数;

C_0 — 低位进位数;

C_4 — 进位输出。

附图 B-20　4 位二进制全加器 74LS283

R_F	V_{REF}	V_{DD}	a_0	a_1	a_2	a_3	a_4
16	15	14	13	12	11	10	9

5G7520

1	2	3	4	5	6	7	8
I_{01}	I_{02}	GND	a_9	a_8	a_7	a_6	a_5

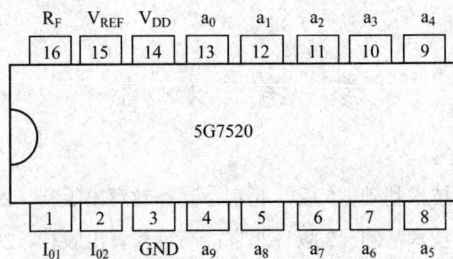

附图 B-21　集成 D/A 转换器 5G7520

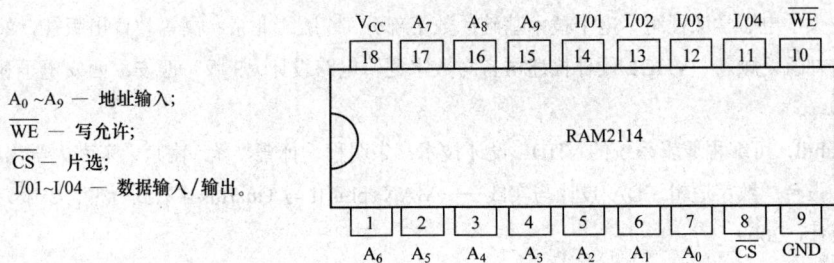

V_{CC}	A_7	A_8	A_9	I/01	I/02	I/03	I/04	$\overline{WE}$
18	17	16	15	14	13	12	11	10

RAM2114

$A_0 \sim A_9$ — 地址输入;
$\overline{WE}$ — 写允许;
$\overline{CS}$ — 片选;
I/01~I/04 — 数据输入/输出。

1	2	3	4	5	6	7	8	9
A_6	A_5	A_4	A_3	A_2	A_1	A_0	$\overline{CS}$	GND

附图 B-22　读写存储器 RAM2114

参 考 文 献

[1] 童诗白，华成英. 模拟电子技术基础. 5 版. 北京：高等教育出版社，2015.

[2] 杨志忠，卫桦林. 数字电子技术基础. 2 版. 北京：高等教育出版社，2009.

[3] 何东钢，李响. 模拟电子技术实训教程. 北京：中国电力出版社，2016.

[4] 清华大学电子学教研组. 数字电子技术基础. 5 版. 北京：高等教育出版社，2011.

[5] 华中科技大学电子学课程组. 电子技术基础：数字部分. 6 版. 北京：高等教育出版社，2013.

[6] 侯伯亨，刘凯，顾新. VHDL 硬件描述语言与数字逻辑电路设计. 3 版. 西安：西安电子科技大学出版社，2009.

[7] Kevin Skahill. 可编程逻辑系统的 VHDL 设计技术. 朱明程，孙普，译. 南京：东南大学出版社，1998.

[8] 刘昌华，张希. 数字逻辑 EDA 设计与实践——MAX+plusⅡ 与 QuartusⅡ 双剑合璧. 2 版. 北京：国防工业出版社，2009.

[9] 周淑阁. FPGA/CPLD 系统设计与应用开发. 北京：电子工业出版社，2011.